大学入試

▼

10日
あればいい!

JN059982

短期中
集期中
ゼミ

数学Ⅱ

福島國光

●本書の特色

▶大学入試には, 一度は解いておかないと手のつけようがない問題が
よく出題されます。このようなタイプの問題102題を選びました。

▶各例題の後には, 明快な『アドバイス』と, 入試に役立つテクニック
『これで解決』を掲げました。

※問題文に付記された大学名は, 過去に同様の問題が入学試験に出題されたことを
参考までに示したものです。

複素数と方程式・式と証明

図形と方程式

CONTENTS

微分・積分

6

1 二項定理と多項定理

(1) $\left(2x^2-\dfrac{1}{2x}\right)^6$ の展開式における x^3 の係数を求めよ。　　〈南山大〉

(2) $(1+3x-x^2)^8$ の展開式における x^3 の係数を求めよ。　　〈明治大〉

解 (1) 一般項は $_6C_r(2x^2)^{6-r}\left(-\dfrac{1}{2x}\right)^r=_6C_r2^{6-r}(x^2)^{6-r}\left(-\dfrac{1}{2}\right)^r\left(\dfrac{1}{x}\right)^r$

$=_6C_r2^{6-r}\left(-\dfrac{1}{2}\right)^r x^{12-2r}x^{-r}=_6C_r2^{6-2r}(-1)^r x^{12-3r}$　←係数は x と分離するとよい。

x^3 は $12-3r=3$ より $r=3$ のとき。

よって，$_6C_32^0(-1)^3=-\dfrac{6\cdot5\cdot4}{3\cdot2\cdot1}=\boldsymbol{-20}$

(2) 一般項は $\dfrac{8!}{p!\,q!\,r!}\cdot1^p(3x)^q(-x^2)^r=\dfrac{8!}{p!\,q!\,r!}\cdot3^q(-1)^r x^{q+2r}$

ただし，$p+q+r=8$, $p\geqq0$, $q\geqq0$, $r\geqq0$ の整数……①

x^3 は $q+2r=3$ ……② のときで，①を満たす組合せは

$(p,\ q,\ r)=(6,\ 1,\ 1),\ (5,\ 3,\ 0)$　←p, q, r の組合せは，すべて求める。

よって，$\dfrac{8!}{6!\,1!\,1!}\cdot3^1(-1)^1+\dfrac{8!}{5!\,3!\,0!}\cdot3^3(-1)^0$

$=56\cdot(-3)+56\cdot27=\boldsymbol{1344}$

アドバイス

- 二項定理，多項定理とも公式を覚えていないとどうにもならないので，必ず一般項の式を暗記しておくこと。
- 多項定理の一般項は同じものを含む順列と同じ式である。ただし，p, q, r の組合せは1通りとは限らない。
- 計算で注意することは，$\left(-\dfrac{1}{2x}\right)^r=\left(-\dfrac{1}{2}\right)^r x^{-r}$ のように，x の係数は分離させた方がまちがいがない。

これで 解決！

二項定理 ➡ $(a+b)^n$ の一般項は $_nC_r a^{n-r}b^r$

多項定理 ➡ $(a+b+c)^n$ の一般項は $\dfrac{n!}{p!\,q!\,r!}a^p b^q c^r$

ただし，$p+q+r=n$, $p\geqq0$, $q\geqq0$, $r\geqq0$

練習1 (1) $\left(ax^3+\dfrac{1}{x^2}\right)^5$ の展開式における x^5 の係数が 640 であるとき，実数 a の値を求めよ。　　〈福岡教育大〉

(2) $(x^2-2x+3)^5$ の展開式における x の係数は □ であり，x^3 の係数は □ である。　　〈名城大〉

2 整式の除法

> $6x^4+3x^3+x^2-1$ を整式 B で割ると，商は $3x^2+2$，余りは
> $-2x+1$ である。B を求めよ。　〈福井工大〉

解 題意より

$6x^4+3x^3+x^2-1=B(3x^2+2)-2x+1$

$B(3x^2+2)=6x^4+3x^3+x^2+2x-2$

$B=(6x^4+3x^3+x^2+2x-2)\div(3x^2+2)$

右の割り算より

$B=2x^2+x-1$

$$
\begin{array}{r}
3x^2+2 \\
B\ )\overline{6x^4+3x^3+x^2-1} \\
\hline
-2x+1
\end{array}
$$

$$
\begin{array}{r}
2x^2+x-1 \\
3x^2+2\ )\overline{6x^4+3x^3+x^2+2x-2} \\
\underline{6x^4\ \bigcirc\ +4x^2} \\
3x^3-3x^2+2x \\
\underline{3x^3\ \bigcirc\ +2x} \\
-3x^2\ \bigcirc-2 \\
\underline{-3x^2\ \bigcirc-2} \\
0
\end{array}
$$

> あいている項は
> ○のスペースを
> とること。

アドバイス ・・

- 整式を整式で割ることは，いろいろな問題の中でよく使われる。余りを求める
  だけならば，"剰余の定理"を利用できることもあるが，実際に割り算をしない
  と求められないこともよくある。
- この割り算は，計算の方法は難しくないが，ミスが出やすいのが特徴といえる。
  スペースを十分とって，確実に計算することが大切だ。なお，計算は余り R の
  次数が割る式 B の次数より低くなったところで止める。
- 整式 P を整式 B で割ったときの商を Q，余りを R とすると，次の除法の関係式
  が成り立つ。

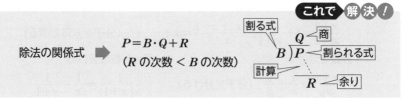

これで 解決！

除法の関係式 ➡ $P=B\cdot Q+R$
（R の次数 $<$ B の次数）

割る式 — B　Q — 商　P — 割られる式　計算 — R — 余り

練習2 (1) x についての整式 P を $2x^2+5$ で割ると $7x-4$ 余り，さらに，その商を
$3x^2+5x+2$ で割ると $3x+8$ 余る。このとき，P を $3x^2+5x+2$ で割った余りを
求めよ。　〈近畿大〉

(2) x の多項式 x^4-px+q が $(x-1)^2$ で割り切れるとき，定数 p，q の値を求めよ。　〈愛媛大〉

(3) $x=2+\sqrt{3}$ のとき，$x^2-4x+1=\boxed{}$ であり，$x^4-3x^3+7x^2-3x+8$ の値は
$\boxed{}+\boxed{}\sqrt{\boxed{}}$ である。　〈昭和薬大〉

3 分数式の計算

次の分数式を計算して簡単にせよ。

(1) $\dfrac{2}{x-2}+\dfrac{1}{x+1}-\dfrac{x+4}{x^2-x-2}$

(2) $\dfrac{x+1+\dfrac{2}{x-2}}{x-1-\dfrac{2}{x-2}}$

〈札幌大〉　　　　　　　　　　　　　　　〈北海学園大〉

 解

(1) （与式）$=\dfrac{2(x+1)}{(x-2)(x+1)}+\dfrac{x-2}{(x-2)(x+1)}-\dfrac{x+4}{(x-2)(x+1)}$

←通分して分母を同じにする。

$=\dfrac{2x+2+x-2-(x+4)}{(x-2)(x+1)}=\dfrac{2(x-2)}{(x-2)(x+1)}=\dfrac{2}{x+1}$

(2) （与式）$=\dfrac{\left(x+1+\dfrac{2}{x-2}\right)(x-2)}{\left(x-1-\dfrac{2}{x-2}\right)(x-2)}=\dfrac{(x+1)(x-2)+2}{(x-1)(x-2)-2}$

←分母を払うため $x-2$ を分母と分子に掛けた。

$=\dfrac{x^2-x-2+2}{x^2-3x+2-2}=\dfrac{x(x-1)}{x(x-3)}=\dfrac{x-1}{x-3}$

アドバイス ••

- 分数式の加法，減法では，まず，通分してから分子の計算をする。通分するには，各分母の最小公倍数を分母にするとよい。
- (2)のような分数式（繁分数式）では，分母と分子を地道に計算してもできるが，解のように分母の因数を分母と分子に掛けて，分母を払う方が早い。
- 分数式では次のような変形が有効になることがあるので知っておきたい。

これで 解 決 !

- 分子の次数を分母の次数より低くする

$$\dfrac{x+2}{x+1}=1+\dfrac{1}{x+1}, \quad \dfrac{x^2+x+1}{x+1}=x+\dfrac{1}{x+1} \quad （分子を分母で割る）$$

- 分数を分ける　　　　　　　　　　　　・部分分数に分ける

$$\dfrac{x+y}{xy}=\dfrac{1}{x}+\dfrac{1}{y} \quad （分子を分ける） \qquad \dfrac{1}{x(x+1)}=\dfrac{1}{x}-\dfrac{1}{x+1}$$

■ **練習3** 次の分数式を計算して簡単にせよ。

(1) $\dfrac{x+2}{x}+\dfrac{x-2}{x-1}-2$

〈久留米工大〉

(2) $\dfrac{x+11}{2x^2+7x+3}-\dfrac{x-10}{2x^2-3x-2}$

〈駒澤大〉

(3) $\dfrac{a-b}{ab}+\dfrac{b-c}{bc}+\dfrac{c-d}{cd}+\dfrac{d-a}{da}$

〈創価大〉

(4) $\dfrac{\dfrac{2}{x+1}+\dfrac{1}{x-1}}{3+\dfrac{2}{x-1}}$

〈獨協大〉

4　複素数の計算

$(3+i)z-5(1+5i)=0$ を満たすとき，$z=\boxed{}+\boxed{}\,i$ である。

〈千葉工大〉

解

$(3+i)z=5(1+5i)$ より

$$z=\frac{5(1+5i)}{3+i}=\frac{5(1+5i)(3-i)}{(3+i)(3-i)}=\frac{5(3+14i-5i^2)}{9-i^2}$$

←分母の虚数は共役な
複素数を分母と分子
に掛けて実数にする。

$$=\frac{5(8+14i)}{10}=4+7i$$

アドバイス ‥‥‥‥‥‥‥‥‥‥‥‥‥‥‥‥‥‥‥‥‥‥‥‥‥‥‥‥‥‥

- 複素数の計算では共役な複素数の積 $(a+bi)(a-bi)=a^2+b^2$ を使って分母を実数化する。i は普通の文字と同様に計算すればよいが，i^2 は -1 におきかえる。

複素数の計算　➡　i は文字と同様に計算，$i^2=-1$　

練習4　a は実数とする。$A=\dfrac{1-i}{1-2i}+\dfrac{a+i}{3-i}$ が実数であるとき，$a=\boxed{}$，$A=\boxed{}$ である。

〈東邦大〉

5　複素数の相等

次の等式を満たす実数 x，y を求めよ。
$$(2+i)x+(3-2i)y=-9+20i$$

〈上智大〉

解

$(2x+3y)+(x-2y)i=-9+20i$ と変形。　　　←$a+bi$ の形に変形。

$2x+3y$，$x-2y$ は実数だから

$$2x+3y=-9 \cdots\cdots①, \qquad x-2y=20 \cdots\cdots②$$　←実部と虚部を比較。

①，②を解いて　$x=6$，$y=-7$

アドバイス ‥‥‥‥‥‥‥‥‥‥‥‥‥‥‥‥‥‥‥‥‥‥‥‥‥‥‥‥‥‥

- 複素数 $a+bi$ において，a を実部，b を虚部（i は含まれないから注意！）という。2つの複素数が等しいとは，それらの 実部 と 虚部 がともに等しいことである。

複素数の相等　➡　$a+bi=c+di \iff a=c, b=d$
$a+bi=0 \iff a=0, b=0$

練習5　次の等式を満たす実数 x，y を求めよ。

(1)　$(1+2i)(x+i)=y+xi$

〈京都産大〉

(2)　$\dfrac{x}{1+2i}+\dfrac{y}{2-i}=\dfrac{3-i}{3+i}$

〈日本大〉

6 係数に i を含む方程式

a を実数の定数とするとき
$$(2+i)x^2+(2+ai+i)x-4+ai=0$$
を満たす実数 x が存在するように，a の値を定めよ。　　〈東北学院大〉

解
$$2x^2+x^2i+2x+(a+1)xi-4+ai=0$$
$$2(x^2+x-2)+\{x^2+(a+1)x+a\}i=0$$

←(実部)+(虚部)$i=0$
の形にする。

a と x が実数だから
$$\begin{cases} 2(x^2+x-2)=0 & \cdots\cdots① \\ x^2+(a+1)x+a=0 & \cdots\cdots② \end{cases}$$

←①，②が同時に成り立つ
ような共通解を求める。

①より　$(x+2)(x-1)=0$
$$x=-2,\ 1$$
$x=-2$ のとき，②より　$a=2$
$x=1$ 　のとき，②より　$a=-1$

よって，$\boldsymbol{a=2,\ -1}$

アドバイス ・・・

- 実数 x が存在する条件だからといって，
$$D=(2+ai+i)^2\cancel{-}4(2+i)(-4+ai)\geqq0$$
としてはいけない。
(i の大小関係が考えられないことからも式として意味をもたない。)

- 解の公式で $x=\dfrac{-(2+ai+i)\pm\sqrt{\cdots}}{2(2+i)}$ と解くのもルール違反。$\sqrt{\ \ }$ の中に i を含む
ような計算は定義されていないので 2 次方程式 $ax^2+bx+c=0$ の解の公式や
判別式は，係数に i が含まれていては使えないので気をつけよう。

- 一般に，虚数を係数に含んだ方程式では，実部と虚部に分ける。すなわち，i を
含むものと含まないものに分け，あとは複素数の相等の考えで共通解を求める
ことになる。

これで 解決 !

係数に i を含む方程式
(実部)+(虚部)$i=0$ として

$\begin{cases} (実部)=0 \\ (虚部)=0 \end{cases}$ の共通解を求める

■**練習6** 実数 a と実数 r について，次の式
$$(1+i)r^2+(a-i)r+2(1-ai)=0$$
が成り立つとする。このとき，$a=\boxed{}$ かつ $r=\boxed{}$ である。　　〈慶応大〉

7 解と係数の関係

> 2 次方程式 $x^2+ax+b=0$ の 2 つの解を α, β とする。2 次方程式
> $x^2+bx+a=0$ の解が $\alpha+1$, $\beta+1$ であるとき，a, b の値を求めよ。
>
> 〈東海大〉

解　$x^2+ax+b=0$　の解が α, β

だから解と係数の関係より

$\quad \alpha+\beta=-a$, $\alpha\beta=b$ ……①

$x^2+bx+a=0$　の解が $\alpha+1$, $\beta+1$ だから

$$\begin{cases} (\alpha+1)+(\beta+1)=-b \\ (\alpha+1)(\beta+1)=a \end{cases} \quad\text{……②}$$

②に①を代入して

$\quad \alpha+\beta+2=-b$　より　$a-b=2$　……③

$\quad \alpha\beta+\alpha+\beta+1=a$　より　$2a-b=1$ ……④

③，④を解いて　$\boldsymbol{a=-1}$, $\boldsymbol{b=-3}$

> ┌─ 解と係数の関係 ─
> $ax^2+bx+c=0$ $(a{\neq}0)$ の
> 2 つの解を α, β とすると
> $\quad \alpha+\beta=-\dfrac{b}{a}$, $\alpha\beta=\dfrac{c}{a}$

アドバイス ···

- 解と係数の関係は，次の考え方と関連して，高校数学で最もよく使われる最重要
 公式である。2 次方程式 $ax^2+bx+c=0$ について

 解を求めなくても，2 つの **解の和** $\alpha+\beta=-\dfrac{b}{a}$ と **解の積** $\alpha\beta=\dfrac{c}{a}$ が求められる。

- $\alpha+\beta$ と $\alpha\beta$ は基本対称式だから，対称式の式の値を求める問題と関連して，しば
 しば登場する。

 $\quad \alpha^2+\beta^2=(\alpha+\beta)^2-2\alpha\beta$, $\alpha^3+\beta^3=(\alpha+\beta)^3-3\alpha\beta(\alpha+\beta)$

 解の差 $\beta-\alpha$ は $(\beta-\alpha)^2=(\alpha+\beta)^2-4\alpha\beta$ と変形して利用する。

これで 解決！

解と係数の関係 ➡ 2 次方程式 $ax^2+bx+c=0$ の
2 つの解が α, β のとき
$$\alpha+\beta=-\frac{b}{a}, \qquad \alpha\beta=\frac{c}{a}$$

■**練習7** (1) 実数 a, b を係数とする 2 次方程式 $x^2+ax+b=0$ の 2 つの解を α, β とする。$\dfrac{1}{\alpha}$, $\dfrac{1}{\beta}$ を解にもつ 2 次方程式が $x^2+bx+a=0$ のとき a, b の値を求めよ。

〈群馬大〉

(2) k を正の定数とする。2 次方程式 $x^2-(\sqrt{k^2+9})x+k=0$ の 2 つの解を α, β とすると $\dfrac{\beta}{\alpha}+\dfrac{\alpha}{\beta}$ は $k=\boxed{}$ で最小値 $\boxed{}$ をとる。 〈甲南大〉

8 解と係数の関係と2数を解とする2次方程式

方程式 $x^2-5x+3=0$ の2つの解を $\alpha,\ \beta$ とし，$\alpha^3,\ \beta^3$ を解にもつ
2次方程式の1つを求めよ。　　　　　　　　　　　　　　　　〈東洋大〉

解　解と係数の関係より　　$\alpha+\beta=5,\ \alpha\beta=3$

（解の和）$=\alpha^3+\beta^3=(\alpha+\beta)^3-3\alpha\beta(\alpha+\beta)$　　←2つの解 $\alpha^3,\ \beta^3$ の和と積
　　　　　$=5^3-3\cdot3\cdot5=80$　　　　　　　　　　　　　を求める。

（解の積）$=\alpha^3\beta^3=(\alpha\beta)^3=3^3=27$

よって，$x^2-80x+27=0$　　　　　　　　　　←x^2-（解の和）$x+$（解の積）$=0$

アドバイス ••

• 2つの数を解とする2次方程式をつくるには，解の和と解の積を求めるのがよい。
解と係数との関連でよく出題される。

これで 解決！

●，■を解とする2次方程式　➡　$x^2-(●+■)x+●\cdot■=0$

練習8　2次方程式 $2x^2-4x+1=0$ の2つの解を $\alpha,\ \beta$ とするとき，$\alpha-\dfrac{1}{\alpha},\ \beta-\dfrac{1}{\beta}$ を
解にもつ2次方程式は $2x^2+\boxed{}x-\boxed{}=0$ である。　　〈立命館大〉

9 解の条件と解と係数の関係

2次方程式 $x^2-12x+k=0$ の1つの解が他の解の2乗であるとき，
k の値を求めよ。　　　　　　　　　　　　　　　　　　　　〈九州産大〉

解　2つの解を $\alpha,\ \alpha^2$ とおくと，解と係数の関係より

$\alpha+\alpha^2=12$ ……①，　　$\alpha\cdot\alpha^2=k$ ……②

①を解いて，$\alpha=3,\ -4$　　これを②に代入して

　　$\alpha=3$ のとき　$k=27$，　　$\alpha=-4$ のとき　$k=-64$

アドバイス ••

• 2つの解の条件が与えられているとき，解のおき方が重要な point になる。代表
的な解のおき方には次のようなものがあるので覚えておこう。

これで 解決！

2次方程式の　　➡　2解の比が $m:n$ ……→ $m\alpha,\ n\alpha$
2つの解のおき方　　　　2解の差が d ……→ $\alpha,\ \alpha+d$

練習9　2次方程式 $x^2-px+p-1=0$ の2つの解の比が $1:3$ であるとき，定数 p の値は
$\boxed{}$ または $\boxed{}$ である。　　〈明治大〉

10 剰余の定理・因数定理

(1)　$P(x)$ を x^2-x-2 で割ったときの商が $Q(x)$，余りが $2x+5$ の とき，$P(x)$ を $x+1$ で割った余りを求めよ。　〈静岡理工科大〉

(2)　整式 x^3+ax^2+bx-2 が x^2+x-2 で割り切れるとき，a, b の 値を求めよ。　〈立教大〉

解

(1)　$P(x)=(x^2-x-2)Q(x)+2x+5$　と表せる。

$\qquad = (x-2)(x+1)Q(x)+2x+5$

よって，$P(-1)=2\cdot(-1)+5=\boldsymbol{3}$　　　　　←$P(x)$ を $x-\alpha$ で割った 余りは $P(\alpha)$

(2)　$P(x)=x^3+ax^2+bx-2$　とおく。

$x^2+x-2=(x+2)(x-1)$　　　　　　　　　　　←6 で割り切れれば， 2 でも 3 でも割り切 れるのと同じこと。

と因数分解できるから

$P(x)$ は $x+2$ かつ $x-1$ で割り切れる。

よって，

$\quad P(-2)=-8+4a-2b-2=0$ より

$\qquad 2a-b=5$ ……①

$\quad P(1)=1+a+b-2=0$ より

$\qquad a+b=1$ ……②

①，②を解いて，$\boldsymbol{a=2}$, $\boldsymbol{b=-1}$　　　　　割り切れる $\Longleftrightarrow$ 余り 0

アドバイス ・・

- 剰余の定理：整式 $P(x)$ を $x-\alpha$ で割ったときの余りは（割り算しないでも） $P(x)$ に $x=\alpha$ を代入し，$P(\alpha)$ として求まる。
- 　因数定理　：$P(\alpha)=0$（余りが 0）のとき $P(x)$ は $x-\alpha$ で割り切れて $x-\alpha$ を 因数にもつ。つまり，$P(x)=(x-\alpha)Q(x)$ と因数分解できる。
- 整式 $P(x)$ が $(x-\alpha)(x-\beta)$ で割り切れれば，$x-\alpha$, $x-\beta$ のどちらの因数でも割 り切れる。6（$=2\times3$）で割り切れる数は 2 でも 3 でも割り切れるのと同じ考え。

これで 解決 !

$P(x)$ が $(x-\alpha)(x-\beta)$　　　$x-\alpha$ で割り切れ　$P(\alpha)=0$
で割り切れれば　　　　➡　$x-\beta$ で割り切れ　$P(\beta)=0$

練習 10 (1)　整式 $f(x)$ を x^2-6x-7 で割ると，余りは $2x+1$ である。このとき，$f(x)$ を $x+1$ で割った余りを求めよ。　〈愛知工大〉

(2)　多項式 $P(x)=4x^4+ax^3-11x^2+b$ が $2x^2-x-1$ で割り切れるように，a, b の 値を定めよ。　〈龍谷大〉

11 剰余の定理（2次式で割ったときの余り）

整式 $P(x)$ を $(x-2)(x-3)$ で割ると余りは $4x$，$(x-3)(x-1)$ で割ると余りは $3x+3$ である。このとき，$P(x)$ を $(x-1)(x-2)$ で割ったときの余りを求めよ。　　　　　　　　　　　　　　　　　　　〈東洋大〉

解　　$P(x)$ を $(x-2)(x-3)$ で割ったときの商を $Q_1(x)$，
$(x-3)(x-1)$ で割ったときの商を $Q_2(x)$ とすると

$$P(x)=(x-2)(x-3)Q_1(x)+4x \quad\cdots\cdots①$$
$$P(x)=(x-3)(x-1)Q_2(x)+3x+3\cdots\cdots②$$

　　←与えられた条件から $P(x)$ を除法の関係式で表す。

$P(x)$ を $(x-1)(x-2)$ で割ったときの商を $Q(x)$，
余りを $ax+b$ とすると

$$P(x)=(x-1)(x-2)Q(x)+ax+b\cdots\cdots③$$

　　←2次式 $(x-1)(x-2)$ で割った余りは1次式 $ax+b$ で表せる。

①に $x=2$，②に $x=1$ を代入して

$$P(2)=8,\quad P(1)=6$$

③に $x=2$，1 を代入して

$$P(2)=2a+b=8\cdots\cdots④$$
$$P(1)=a+b=6\quad\cdots\cdots⑤$$

　　←①，②の式から $P(x)$ を $x-2$ で割った余り $P(2)$ と $x-1$ で割った余り $P(1)$

④，⑤を解いて，$a=2$，$b=4$
よって，余りは　$2x+4$

アドバイス ･･･

- 整式 $P(x)$ を2次式 $(x-\alpha)(x-\beta)$ で割ったときの余りは，1次式以下なので $ax+b$ とおいて，$P(x)=(x-\alpha)(x-\beta)Q(x)+ax+b$ の関係式をつくる。なお，2次式が因数分解されてない場合は，$(x-\alpha)(x-\beta)$ と因数分解する。
- あとは，剰余の定理で $x-\alpha$ で割った余り $P(\alpha)$ と $x-\beta$ で割った余り $P(\beta)$ を求めて a，b の連立方程式を解けばよい。
- この例題のように，$x-\alpha$，$x-\beta$ で割った余り $P(\alpha)$，$P(\beta)$ の値を，$P(x)$ の関係式 ①，②から求めることもある。

これで 解決！

$P(x)$ を $(x-\alpha)(x-\beta)$ で割った余りは1次以下なので

$$\Rightarrow\quad P(x)=\underline{(x-\alpha)(x-\beta)}Q(x)+\underline{ax+b}\quad とおく$$
$$\qquad\qquad\quad 2次式 \qquad\qquad 1次式$$

練習11　(1)　整式 $P(x)$ を $x-1$ で割ると余りは3で，$x-2$ で割ると余りは4である。このとき，$P(x)$ を $(x-1)(x-2)$ で割った余りを求めよ。　　　〈成蹊大〉

(2)　整式 $P(x)$ を $(x-1)(x+2)$ で割ると余りが $2x-1$，$(x-2)(x-3)$ で割ると余りが $x+7$ であった。$P(x)$ を $(x+2)(x-3)$ で割ったときの余りを求めよ。

　　　　　　　　　　　　　　　　　　　　　　　　　　　　　　　〈長崎大〉

12 剰余の定理 （3次式で割ったときの余り）

> 整式 $P(x)$ を $(x+1)^2$ で割ったときの余りは $2x+3$，また，$x-1$
> で割ったときの余りは 1 である。$P(x)$ を $(x+1)^2(x-1)$ で割った
> ときの余りを求めよ。　　　　　　　　　　　　　　　　〈同志社大〉

解　　$P(x)$ を $(x+1)^2(x-1)$ で割ったときの商を $Q(x)$，余りを ax^2+bx+c
とすると
$$P(x)=(x+1)^2(x-1)Q(x)+ax^2+bx+c \cdots\cdots Ⓐ \quad とおける。$$

Ⓐを $(x+1)^2$ で割ると〰〰〰の部分は $(x+1)^2$ で割り切れ，

ax^2+bx+c を $(x+1)^2$ で割ると，

右の計算より余りは $(b-2a)x+c-a$

$(b-2a)x+c-a=2x+3$ より

$\qquad b-2a=2 \cdots\cdots①, \qquad c-a=3 \cdots\cdots②$

また，$P(x)$ を $x-1$ で割ったときの余りが 1 だから

Ⓐに $x=1$ を代入して，

$\qquad P(1)=a+b+c=1 \cdots\cdots③$

①，②，③を解いて，$a=-1$，$b=0$，$c=2$

よって，求める余りは　$-x^2+2$

$$
\begin{array}{r}
a \\
x^2+2x+1 \overline{) ax^2+bx\ +c} \\
\underline{ax^2+2ax+a} \\
(b-2a)x+c-a
\end{array}
$$

$$\downarrow \qquad\qquad \downarrow$$
$$2 \qquad\qquad 3$$

アドバイス・・・

- 一般に，$P(x)$ を2次式で割った余りは1次式 $ax+b$，3次式で割った余りは2次式 ax^2+bx+c とおいて考えるのが基本である。それから ax^2+bx+c の変形を考える方が理解しやすい。
- 右上の割り算の結果から解答のⒶの式は $ax^2+bx+c=a(x+1)^2+2x+3$ と表せることがわかれば，いきなり
$$P(x)=(x+1)^2(x-1)Q(x)+a(x+1)^2+2x+3$$
とおいて，それから $x=1$ を代入して次のように求まる。
$$P(1)=4a+5=1 \quad ゆえに \quad a=-1 \quad より \quad 余りは -x^2+2$$
- 多くの参考書や問題集では，この方法を採用しているが，理解できないという声をよく聞くので，それに至る process を示した。

$P(x)$ を（x の3次式）で割った余りは2次以下なので
➡ $P(x)=(x の3次式)Q(x)+ax^2+bx+c$ とおく

練習12　整式 $P(x)$ を $x-2$ で割ったときの余りが 3，$(x-1)^2$ で割ったときの余りが $x+2$ である。$P(x)$ を $(x-1)^2(x-2)$ で割ったときの余りを求めよ。　〈関西大〉

13 因数定理と高次方程式

(1) 3次方程式 $x^3-6x^2+9x-2=0$ を解け。 〈千葉工大〉

(2) a を定数とする。3次方程式 $x^3-ax^2-(a+3)x+6=0$ の1つ
の解が $x=1$ であるとき，a の値と残りの解を求めよ。 〈神奈川大〉

解 (1) $P(x)=x^3-6x^2+9x-2$ とおくと

$P(2)=8-24+18-2=0$ だから，$P(x)$ は

$x-2$ を因数にもつ。

$P(x)=(x-2)(x^2-4x+1)$

よって，$P(x)=0$ の解は

$x-2=0$, $x^2-4x+1=0$ より

$x=2,\ 2\pm\sqrt{3}$

←$P(\alpha)=0$ となるのは，
定数 -2 の約数 ±1,
±2 のどれかである。

組立除法

$$\begin{array}{r|rrrr} 2 & 1 & -6 & 9 & -2 \\ & & 2 & -8 & 2 \\ \hline & 1 & -4 & 1 & 0 \end{array}$$

(2) $P(x)=x^3-ax^2-(a+3)x+6$ とおくと

$x=1$ を解にもつから $P(1)=0$ である。

よって，$P(1)=1-a-(a+3)+6=0$ より $a=2$

$P(x)=x^3-2x^2-5x+6$

$=(x-1)(x^2-x-6)$

$=(x-1)(x+2)(x-3)$

ゆえに，他の解は，$x=3,\ -2$

組立除法

$$\begin{array}{r|rrrr} 1 & 1 & -2 & -5 & 6 \\ & & 1 & -1 & -6 \\ \hline & 1 & -1 & -6 & 0 \end{array}$$

アドバイス

- 3次以上の高次方程式を解くには，次の因数定理を利用するのが主流である。
  因数定理：「$P(\alpha)=0 \iff$ 整式 $P(x)$ は $x-\alpha$ を因数にもつ」
- $P(\alpha)=0$ となる α は $P(x)$ の定数項の約数を代入して見つけるが，±1 から順番に
  調べるのがよい。また，$4x^3-3x+1=0$ のように最高次の係数が1以外の場合は，
  係数の約数を分母とする分数になることがある。（この場合は $x=\dfrac{1}{2}$）

これで 解決!

高次方程式
$P(x)=0$

→ ・因数定理：$P(\alpha)=0 \iff P(x)=(x-\alpha)Q(x)$ を利用
  ・因数の発見は，まず定数項の約数を代入

練習13 (1) 次の方程式を解け。

① $2x^3+15x^2+6x-7=0$ 〈中央大〉

② $2x^3+x^2+x-1=0$ 〈東京電機大〉

(2) 4次方程式 $x^4+ax^3+(a+3)x^2+16x+b=0$ の解のうち2つは1と2である。
このとき，$a=\boxed{}$，$b=\boxed{}$ であり，他の解は $\boxed{}$ と $\boxed{}$ である。

〈神戸薬科大〉

14　高次方程式の解の個数

> 3次方程式 $x^3+(a+2)x^2-4a=0$ がちょうど2つの実数解をもつ
> ような実数 a をすべて求めよ。　　　　　　　　　　〈学習院大〉

解　　$P(x)=x^3+(a+2)x^2-4a$ とおくと
　　　$P(-2)=0$ だから $P(x)$ は $x+2$ を因数にもつ。
　　　よって，$(x+2)(x^2+ax-2a)=0$ となる。

（i）　$x^2+ax-2a=0$ が重解をもつとき
　　　　　$D=a^2+8a=0$ より $a=0$，-8
　　　　　$a=0$ のとき　$x^2=0$ より重解は $x=0$
　　　　　$a=-8$ のとき　$(x-4)^2=0$ より重解は $x=4$

（ii）　$x^2+ax-2a=0$ が $x=-2$ を解にもつとき
　　　　　$4-2a-2a=0$ から $a=1$
　　　　　このとき，$(x+2)^2(x-1)=0$ となり
　　　　　$x=-2$（重解）と 1 を解にもつから適する。
　　　よって，（i），（ii）より $\boldsymbol{a=0,\ 1,\ -8}$

← $P(x)$ の定数項 $-4a$ の約数を代入して因数を見つける。

← $(x+2)(x-\alpha)^2=0$
$x=\alpha$ が重解。

←重解が $x=-2$ とならないことを確認する。

← $a=1$ のときの解を実際に求めて確認する。

アドバイス ・・

- 3次以上の方程式では，重解や異なる解をもつ場合の考え方で注意しなくては
　ならないことがある。例えば，
　　　$(x-a)(x^2+bx+c)=0$ では $x-a=0$ と $x^2+bx+c=0$
　が同じ解をもつことがありうる。
　だから $x^2+bx+c=0$ が異なる2つの解をもっても，その中に $x=a$ があれば，
　隣りの $x-a=0$ の解と同じになり $x=a$ が重解になることがある。
- したがって，この種の問題ではそれぞれの場合について，実際に解を求めてしまう
　のが明快だ。

これで　解決！

| 高次方程式の解の個数 | ⇨ | 解が重なる場合を忘れるな
（隣りの解に御用心） |

練習14　a を実数の定数として，x の3次方程式
　　　　　$ax^3-(a+1)x^2-2x+3=0$ ……①
　の実数解の個数を考える。ただし，重解は1個と考える。
（1）　方程式①の左辺を因数分解せよ。
（2）　$a=2$ のとき，方程式①の実数解を求めよ。
（3）　方程式①の実数解の個数が2個となるとき，a の値と解を求めよ。　　〈近畿大〉

15 3次方程式の解と係数の関係

> 3次方程式 $x^3 - px^2 + 11x - q = 0$ が3つの連続する正の整数を
> 解とするとき，$p = \boxed{}$，$q = \boxed{}$ である。　〈早稲田大〉

解　3つの解を α，$\alpha+1$，$\alpha+2$（α は自然数）
とおくと，3次方程式の解と係数の関係より

$$\alpha + (\alpha+1) + (\alpha+2) = p \qquad \cdots\cdots ①$$
$$\alpha(\alpha+1) + (\alpha+1)(\alpha+2) + (\alpha+2)\alpha = 11 \cdots\cdots ②$$
$$\alpha(\alpha+1)(\alpha+2) = q \qquad \cdots\cdots ③$$

②より

$$3\alpha^2 + 6\alpha + 2 = 11, \quad (\alpha+3)(\alpha-1) = 0$$

$\alpha > 0$ より $\alpha = 1$

①，③に代入して　$p = 6$，$q = 6$

> **3次方程式の解と係数の関係**
> $ax^3 + bx^2 + cx + d = 0$
> の3つの解を α，β，γ
> とすると
> $$\alpha + \beta + \gamma = -\frac{b}{a}$$
> $$\alpha\beta + \beta\gamma + \gamma\alpha = \frac{c}{a}$$
> $$\alpha\beta\gamma = -\frac{d}{a}$$

アドバイス

- 3次方程式の解と係数の関係を利用する問題も時々出題される。次ページの例題
  16 にも利用できる。この式は，次の2次方程式の解と係数の関係の式と類似して
  いるので覚えて使えるように。
  　2次方程式 $ax^2 + bx + c = 0$ の解と係数の関係は，2つの解を α，β とすると
  $$\alpha + \beta = -\frac{b}{a}, \qquad \alpha\beta = \frac{c}{a}$$

- $\alpha+\beta+\gamma$，$\alpha\beta+\beta\gamma+\gamma\alpha$，$\alpha\beta\gamma$ は3つの文字の基本対称式になっているので，次の
  対称式変形も関連づけておこう。
  $$\alpha^2 + \beta^2 + \gamma^2 = (\alpha+\beta+\gamma)^2 - 2(\alpha\beta+\beta\gamma+\gamma\alpha)$$
  $$\alpha^2\beta^2 + \beta^2\gamma^2 + \gamma^2\alpha^2 = (\alpha\beta+\beta\gamma+\gamma\alpha)^2 - 2\alpha\beta\gamma(\alpha+\beta+\gamma)$$
  $$\alpha^3 + \beta^3 + \gamma^3 = (\alpha+\beta+\gamma)(\alpha^2+\beta^2+\gamma^2-\alpha\beta-\beta\gamma-\gamma\alpha) + 3\alpha\beta\gamma$$

これで　解決！

3次方程式の
解と係数の関係
➡
$ax^3 + bx^2 + cx + d = 0$ の
3つの解が α，β，γ のとき
$$\alpha + \beta + \gamma = -\frac{b}{a}, \quad \alpha\beta + \beta\gamma + \gamma\alpha = \frac{c}{a}, \quad \alpha\beta\gamma = -\frac{d}{a}$$

練習15　(1)　2次方程式 $x^2 - x - 1 = 0$ の2つの解を α，β とおく。3次方程式
$x^3 + ax^2 + bx + 1 = 0$ が α，β を解にもつとき，係数 a，b を求めよ。また，この3次
方程式のもう1つの解を求めよ。　〈東京女子大〉

(2)　3次方程式 $x^3 - 2x^2 + 3x - 7 = 0$ の3つの解を α，β，γ とするとき，次の式の値
を求めよ。

　① $\alpha^2 + \beta^2 + \gamma^2$　　② $\alpha^2\beta^2 + \beta^2\gamma^2 + \gamma^2\alpha^2$　　③ $\alpha^3 + \beta^3 + \gamma^3$　〈秋田大〉

16　1つの解が $p+qi$ のとき

> 方程式 $x^3+ax^2+bx+6=0$　$(a, b$ は実数$)$ の1つの解が $1+i$ のとき，a, b の値と他の2つの解を求めよ。　　　　　〈日本大〉

解　　$x=1+i$ が解だから，方程式に代入すると
$$(1+i)^3+a(1+i)^2+b(1+i)+6=0$$
$$(-2+2i)+2ai+b+bi+6=0$$
$$(b+4)+(2a+b+2)i=0$$

←（実部）＋（虚部）$i=0$ の形に変形する。

$b+4$，$2a+b+2$　は実数だから
$$b+4=0 \cdots\cdots① , \qquad 2a+b+2=0 \cdots\cdots②$$
①，②を解いて，$a=1$，$b=-4$
このとき，$(x+3)(x^2-2x+2)=0$　より
$$x=-3, 1\pm i$$
よって，他の解は $-3, 1-i$

別解　　係数が実数だから $1+i$ が解ならば $1-i$ も解である。3つの解を $1+i$，$1-i$，γ とすると解と係数の関係より
$$(1+i)+(1-i)+\gamma=-a \qquad\qquad \cdots\cdots①$$
$$(1+i)(1-i)+(1-i)\gamma+\gamma(1+i)=b \cdots\cdots②$$
$$(1+i)(1-i)\gamma=-6 \qquad\qquad\cdots\cdots③$$
③より　$2\gamma=-6$，$\gamma=-3$
①，②に代入して，$a=1$，$b=-4$
他の解は -3 と $1-i$

> ──解と係数の関係──
> $x^3+ax^2+bx+c=0$
> の3つの解が $\alpha, \beta,$
> γ とすると
> 　$\alpha+\beta+\gamma=-a$
> 　$\alpha\beta+\beta\gamma+\gamma\alpha=b$
> 　$\alpha\beta\gamma=-c$

アドバイス ・・

- この問題のように，方程式の解が与えられたときは，まず，解を方程式に代入するのが基本である。
- 係数が実数である方程式では，$p+qi$ が解ならば，$p-qi$ も解であることは知っておきたい。解の公式 $x=\dfrac{-b\pm\sqrt{b^2-4ac}}{2a}$ からもわかるように，$\pm\sqrt{b^2-4ac}$ の部分がペアになってでてくるからだ。

係数が実数である方程式の虚数解 ➡ $p+qi$ と $p-qi$ いつもペアで解になる

練習16　a, b を実数とする。方程式 $x^3+ax^2+bx+a=0$ が $x=1+2i$ を解にもつとき，方程式は実数解 ☐ をもち，$a=$☐，$b=$☐ である。　　　〈慶応大〉

17 立方根 ($x^3=1$ の解) ω の性質

方程式 $x^3=1$ の虚数解の1つを ω とするとき，次の値を求めよ。

(1) $\omega^8+\omega^4+5$

(2) $1+\omega+\omega^2+\omega^3+\cdots\cdots+\omega^{17}+\omega^{18}$　　　　〈関東学院大〉

解

(1) $x^3=1$ より　$(x-1)(x^2+x+1)=0$

この解は　$x=1,$　$x=\dfrac{-1\pm\sqrt{3}\,i}{2}$

ここで，$\omega=\dfrac{-1+\sqrt{3}\,i}{2}$ とおくと

← $\omega=\dfrac{-1-\sqrt{3}\,i}{2}$ とおいても同様である。

ω は $x^3=1$ かつ $x^2+x+1=0$ の解だから

$\omega^3=1,$　　$\omega^2+\omega+1=0$

$\omega^8=(\omega^3)^2\cdot\omega^2=\omega^2,$　　$\omega^4=\omega^3\cdot\omega=\omega$

よって，$\omega^8+\omega^4+5=(\omega^2+\omega+1)+4=\mathbf{4}$

(2) (与式)$=(1+\omega+\omega^2)+(\omega^3+\omega^4+\omega^5)+\cdots\cdots+(\omega^{15}+\omega^{16}+\omega^{17})+\omega^{18}$

$=(1+\omega+\omega^2)+\omega^3(1+\omega+\omega^2)+\cdots\cdots+\omega^{15}(1+\omega+\omega^2)+\omega^{18}$

$1+\omega+\omega^2=0$ だから

$=\omega^{18}=(\omega^3)^6=\mathbf{1}$

別解　$1+\omega+\omega^2+\omega^3+\cdots\cdots+\omega^{17}+\omega^{18}$

初項1，公比 ω の等比数列だから

$=\dfrac{1-\omega^{19}}{1-\omega}=\dfrac{1-(\omega^3)^6\cdot\omega}{1-\omega}=\dfrac{1-\omega}{1-\omega}=1$

等比数列の和

$$S_n=\dfrac{a(1-r^n)}{1-r}$$

アドバイス ••

- $x^3=1$ の解を立方根といい，その虚数解に関して，次のような性質がある。

$\omega=\dfrac{-1+\sqrt{3}\,i}{2}$ とおくと，$\omega^2=\left(\dfrac{-1+\sqrt{3}\,i}{2}\right)^2=\dfrac{-1-\sqrt{3}\,i}{2}$

$\omega=\dfrac{-1-\sqrt{3}\,i}{2}$ とおくと，$\omega^2=\left(\dfrac{-1-\sqrt{3}\,i}{2}\right)^2=\dfrac{-1+\sqrt{3}\,i}{2}$

- いずれにしても，一方の解を ω とおくと，もう一方の解は ω^2 で表せる。

さらに，$\omega^3=1,$ $\omega^2+\omega+1=0$ であり，これらの性質がよく問題にされる。

 これで 解決!

立方根 ($x^3=1$) ω の性質 ➡ $\omega^3=1,$ $\omega^2+\omega+1=0$

ω^n は $n=3k,$ $3k+1,$ $3k+2$ の場合分け

練習17 複素数 $\omega=\dfrac{-1+\sqrt{3}\,i}{2}$ について，以下の問いに答えよ。

(1) $\omega^2+\omega^4,$ $\omega^5+\omega^{10}$ の値を求めよ。

(2) n を正の整数とするとき，$\omega^n+\omega^{2n}$ の値を求めよ。　　　　〈岡山大〉

18 恒等式

次の恒等式が成り立つように，a，b，c の値を定めよ。

(1) $2x^2-5x-1=a(x-1)(x-2)+b(x-2)(x-3)+c(x-3)(x-1)$

〈福岡工大〉

(2) $x^3+2x^2-4=(x+3)^3+a(x+3)^2+b(x+3)+c$ 〈東海大〉

解

(1) $2x^2-5x-1=a(x^2-3x+2)+b(x^2-5x+6)+c(x^2-4x+3)$

$\qquad\qquad\quad =(a+b+c)x^2-(3a+5b+4c)x+2a+6b+3c$

両辺の係数を比較して　　　　　　　　　　　←係数比較法

$\quad a+b+c=2 \cdots\cdots$①，$3a+5b+4c=5 \cdots\cdots$②，$2a+6b+3c=-1 \cdots\cdots$③

①，②，③を解いて　$a=1$，$b=-2$，$c=3$

別解　$x=1$，2，3 を代入して　　　　　　　←数値代入法

$\qquad -4=2b$，$-3=-c$，$2=2a$

よって，$a=1$，$b=-2$，$c=3$

逆に，$a=1$，$b=-2$，$c=3$ のとき与式は恒等式になっている。

(2) $x+3=t$ とおいて，$x=t-3$ を代入。

(左辺)$=(t-3)^3+2(t-3)^2-4=t^3-7t^2+15t-13$

(右辺)$=t^3+at^2+bt+c$　　　(左辺)$=$(右辺)が t の恒等式だから

$\qquad a=-7$，$b=15$，$c=-13$

アドバイス ‥‥‥‥‥‥‥‥‥‥‥‥‥‥‥‥‥‥‥‥‥‥‥‥‥‥‥‥‥‥‥‥‥‥‥‥

- (1)の恒等式の問題では，展開して両辺の係数を比較する係数比較法が多く見られる。別解のように，数値を代入して求める数値代入法は，同じ因数が何度もでてくるときや，次数が高くて展開が困難なときに有効である。

  数値代入法は必要条件なので，"逆に，…"とかいておく。

- (2)は左辺の整式を $x+\alpha$ の整式で表すことである。その場合，$t=x+\alpha$ とおき，$x=t-\alpha$ として代入し，展開すると早い。

- 分数式の恒等式は，分母を払って，整式にして考えるとよい。

これで　解決！

・恒等式 ➡ $\begin{cases} 係数比較法\cdots\cdots展開して左辺と右辺の係数を比較 \\ 数値代入法\cdots\cdots未知数の数だけ値を代入して式をつくる \end{cases}$

・$x+\alpha$ の多項式で表す ➡ $x+\alpha=t$ とおき，$x=t-\alpha$ として代入

練習 18　次の恒等式が成り立つように a，b，c，d の値を定めよ。

(1) $a(x+1)(x-1)+bx(x-1)+cx(x+1)=1$ 〈東京電機大〉

(2) $x^3-3=a(x-1)^3+b(x-1)^2+c(x-1)+d$ 〈長崎総合科学大〉

(3) $\dfrac{5x^2-2x+1}{x^3+x^2+3x+3}=\dfrac{a}{x+1}+\dfrac{bx+c}{x^2+3}$ 〈東京電機大〉

19 条件があるときの式の値

$a+b+c=0$ のとき, $a\left(\dfrac{1}{b}+\dfrac{1}{c}\right)+b\left(\dfrac{1}{c}+\dfrac{1}{a}\right)+c\left(\dfrac{1}{a}+\dfrac{1}{b}\right)$ の値を

求めよ。 〈松山大〉

解　$c=-a-b$ を代入すると　　　　　　　　←c を消去する方針で計算。

$$(与式)=a\left(\dfrac{1}{b}-\dfrac{1}{a+b}\right)+b\left(-\dfrac{1}{a+b}+\dfrac{1}{a}\right)-(a+b)\left(\dfrac{1}{a}+\dfrac{1}{b}\right)$$

$$=\dfrac{a}{b}-\dfrac{a}{a+b}-\dfrac{b}{a+b}+\dfrac{b}{a}-\dfrac{a+b}{a}-\dfrac{a+b}{b}$$

$$=\dfrac{a-a-b}{b}-\dfrac{a+b}{a+b}+\dfrac{b-a-b}{a}=-3$$

別解　$(与式)=\dfrac{a}{b}+\dfrac{a}{c}+\dfrac{b}{c}+\dfrac{b}{a}+\dfrac{c}{a}+\dfrac{c}{b}$

$$=\dfrac{b+c}{a}+\dfrac{c+a}{b}+\dfrac{a+b}{c} \qquad \Leftarrow \begin{cases} a+b=-c \\ b+c=-a \\ c+a=-b \end{cases} を代入。$$

$$=\dfrac{-a}{a}+\dfrac{-b}{b}+\dfrac{-c}{c}=-3$$

アドバイス・・

- 条件式があるときの式の値や証明問題では，文字を消去する方針で計算を進めるのが基本である。とりあえず，1文字を消去するか，1つの文字に統一するかだ。これでうまくいかないとき，別の方法を考えればよい。
- 条件式が複雑なときは，計算したり因数分解したりして，条件式を簡単な形にしてから考える。
- この例題が □ の穴うめ問題ならば，$a=2$, $b=-1$, $c=-1$ 等の $a+b+c=0$ を満たす具体的な値を代入して求まるからその方が早い。

条件式がある $\begin{cases} 式 \ の \ 値 \\ 式の証明 \end{cases}$ ⇒ $\begin{cases} 1文字消去 \\ 1つの文字に統一 \\ 複雑な条件式はシンプルな形に \end{cases}$ して計算せよ

■**練習19** (1) $a+b=c$ のとき，次の式の値を求めよ。ただし，$abc \neq 0$ とする。

$$\dfrac{a^2+b^2-c^2}{2ab}+\dfrac{b^2+c^2-a^2}{3bc}+\dfrac{c^2+a^2-b^2}{4ac} \qquad 〈青山学院大〉$$

(2) $a+b+c=0$, $abc=1$ のとき，$(a+b)(b+c)(c+a)$, $a^3+b^3+c^3$ の値をそれぞれ求めよ。 〈名城大〉

(3) $x+\dfrac{1}{y}=1$, $y+\dfrac{1}{z}=1$ のとき xyz の値は □ である。 〈日本女子大〉

20　比例式

> 実数 a, b, c が $\dfrac{b+c}{a}=\dfrac{c+a}{b}=\dfrac{a+b}{c}$ を満たすとき，この式の値
> は値の小さい順に　□　または　□　である。　〈青山学院大〉

解

$\dfrac{b+c}{a}=\dfrac{c+a}{b}=\dfrac{a+b}{c}=k$ とおく。

←比例式では (与式)$=k$
とおいて考える。

$b+c=ak$ …①，　$c+a=bk$ …②，　$a+b=ck$ …③

①，②，③の辺々を加えると

$2(a+b+c)=k(a+b+c)$

$(a+b+c)(k-2)=0$　　より

$a+b+c=0$ または $k=2$

←辺々を加える計算

$$\begin{array}{r}b+c=ak\\c+a=bk\\+\underline{\ a+b=ck\ }\\2(a+b+c)=k(a+b+c)\end{array}$$

$a+b+c=0$ のとき，与式は

$\dfrac{-a}{a}=\dfrac{-b}{b}=\dfrac{-c}{c}=-1$ だから $k=-1$

←$\begin{cases}a+b=-c\\b+c=-a\\c+a=-b\end{cases}$ を与式に代入。

$k=2$ のとき，①，②，③に代入して $a=b=c$

←$a=b=c$ のとき
(与式)$=k=2$ となる。

よって，小さい順に -1, 2

アドバイス

▶比例式では，(与式)$=k$ とおいて解く◀

• $\dfrac{x}{2}=\dfrac{y}{3}=\dfrac{z}{5}$ のとき $\dfrac{x}{2}=\dfrac{y}{3}=\dfrac{z}{5}=k$ とおき，$x=2k$，$y=3k$，$z=5k$ として代入。

具体的な値 $x=2$，$y=3$，$z=5$ などを代入してはいけない。

• $\dfrac{x+y}{5}=\dfrac{y+z}{8}=\dfrac{z+x}{7}$ のとき (与式)$=k$ とおき，

$x+y=5k$，$y+z=8k$，$z+x=7k$ から

x, y, z について解いて，$x=2k$，$y=3k$，$z=5k$ として代入する。

• 比例式では，例題のように辺々加える計算が有効なことがあるので知っておこう。

これで　解決!

比例式 $\dfrac{x}{a}=\dfrac{y}{b}=\dfrac{z}{c}=k$ とおく　➡　$x=ak$, $y=bk$, $z=ck$
として考える

練習20 (1) 実数 x, y, z について $\dfrac{x}{5(y+z)}=\dfrac{y}{5(z+x)}=\dfrac{z}{5(x+y)}$ が成り立つとする。

これらの式の値は $x+y+z\neq0$ のとき □ ，$x+y+z=0$ のとき □ である。
〈拓殖大〉

(2) 実数 x, y, z が $\dfrac{x+y}{4}=\dfrac{y+z}{5}=\dfrac{z+x}{6}\neq0$ を満たすとき，$\dfrac{xy+yz+zx}{3x^2+2y^2+z^2}$ の値は

いくらか。　〈防衛医大〉

21 （相加平均）≧（相乗平均）の利用

> $a>0$，$b>0$ のとき，$\left(a+\dfrac{1}{b}\right)\left(b+\dfrac{4}{a}\right)$ の最小値は $\boxed{}$ である。
>
> 〈立教大〉

解　$\left(a+\dfrac{1}{b}\right)\left(b+\dfrac{4}{a}\right)=ab+4+1+\dfrac{4}{ab}=ab+\dfrac{4}{ab}+5$　　←左辺を一度展開して
式を整理する。

ここで，$ab>0$，$\dfrac{4}{ab}>0$ だから（相加平均）≧（相乗平均）より

$ab+\dfrac{4}{ab}\geqq2\sqrt{ab\cdot\dfrac{4}{ab}}=4$　（等号は $ab=\dfrac{4}{ab}$ より $ab=2$ のとき）

よって　$\left(a+\dfrac{1}{b}\right)\left(b+\dfrac{4}{a}\right)\geqq4+5=9$　より，最小値は **9**

アドバイス

• $x>0$，$y>0$ のとき，$\dfrac{x+y}{2}$ を相加平均，$\sqrt{xy}$ を相乗平均といい，いつでも
$\dfrac{x+y}{2}\geqq\sqrt{xy}$ または $x+y\geqq2\sqrt{xy}$ （等号は $x=y$ のとき）の関係が成り立つ。

• この関係は覚えているだけではだめで，大切なのは，どんな形のとき，どんな使われ方をしているかである。最大値，最小値を求める問題で使われることが多い。

▶（相加平均）≧（相乗平均）の主な使われ方◀

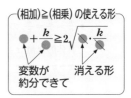

• $2x+\dfrac{1}{x}\geqq2\sqrt{2x\cdot\dfrac{1}{x}}=2\sqrt{2}$　より

　　$2x+\dfrac{1}{x}$ の最小値は $2\sqrt{2}$

• $xy=k$ のとき，$x+y\geqq2\sqrt{xy}=2\sqrt{k}$　より

　　$x+y$ の最小値は $2\sqrt{k}$

• $x+y=k$ のとき，$k=x+y\geqq2\sqrt{xy}$

　　$\dfrac{k}{2}\geqq\sqrt{xy}$ なので $\dfrac{k^2}{4}\geqq xy$ より，xy の最大値は $\dfrac{k^2}{4}$

これで 解決！

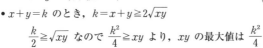

（相加平均）≧（相乗平均）　➡　$x+y\geqq2\sqrt{xy}$ （等号は $x=y$ のとき）
　　　　　　　　　　　　　　　（$x>0$，$y>0$）

$X+\dfrac{A}{X}$ （$X>0$）の最小値　➡　$X+\dfrac{A}{X}\geqq2\sqrt{X\cdot\dfrac{A}{X}}=2\sqrt{A}$

練習21 (1)　$x>0$ のとき，$\left(x+\dfrac{1}{x}\right)\left(2x+\dfrac{1}{2x}\right)$ の最小値を求めよ。　　　　〈慶応大〉

(2)　$x>1$ のとき，$4x^2+\dfrac{1}{(x+1)(x-1)}$ の最小値とそのときの x の値を求めよ。

〈慶応大〉

(3)　正の実数 x と y が $9x^2+16y^2=144$ を満たしているとき，xy の最大値を求めよ。

〈慶応大〉

22 不等式の証明

次の不等式を証明せよ。

(1)　$a^4 + b^4 \geqq a^3 b + ab^3$ 〈名古屋女子大〉

(2)　$\sqrt{2(x+y)} \geqq \sqrt{x} + \sqrt{y}$ $(x > 0,\ y > 0)$ 〈龍谷大〉

(3)　$\left(x + \dfrac{9}{y}\right)\left(y + \dfrac{1}{x}\right) \geqq 16$ $(x > 0,\ y > 0)$ 〈愛知大〉

解

(1)　$a^4 + b^4 - (a^3 b + ab^3)$

$= a^3(a - b) + b^3(b - a) = (a - b)(a^3 - b^3)$

$= (a - b)^2(a^2 + ab + b^2) = (a - b)^2\left\{\left(a + \dfrac{b}{2}\right)^2 + \dfrac{3}{4}b^2\right\} \geqq 0$

よって　$a^4 + b^4 \geqq a^3 b + ab^3$　（等号は $a = b$ のとき）

(2)　両辺正だから 2 乗して差をとる。　　← 2乗する場合は，両辺が
　　　　　　　　　　　　　　　　　　　　　　正であることをいう。

$(\sqrt{2(x+y)})^2 - (\sqrt{x} + \sqrt{y})^2$

$= 2(x + y) - (x + 2\sqrt{xy} + y) = x - 2\sqrt{xy} + y$

$= (\sqrt{x} - \sqrt{y})^2 \geqq 0$　（等号は $x = y$ のとき）　← $x = (\sqrt{x})^2,\ y = (\sqrt{y})^2$

よって，$(\sqrt{2(x+y)})^2 \geqq (\sqrt{x} + \sqrt{y})^2$ より $\sqrt{2(x+y)} \geqq \sqrt{x} + \sqrt{y}$

(3)　$\left(x + \dfrac{9}{y}\right)\left(y + \dfrac{1}{x}\right) = xy + \dfrac{9}{xy} + 10,\ \ xy > 0,\ \ \dfrac{9}{xy} > 0$ だから

（相加平均）$\geqq$（相乗平均）より $xy + \dfrac{9}{xy} \geqq 2\sqrt{xy \cdot \dfrac{9}{xy}} = 6$

よって，$\left(x + \dfrac{9}{y}\right)\left(y + \dfrac{1}{x}\right) \geqq 16$　（等号は $xy = \dfrac{9}{xy}$ より $xy = 3$ のとき）

アドバイス

- 不等式の証明では展開，因数分解，平方完成が計算の中心になる。
- 前ページの（相加平均）$\geqq$（相乗平均）の利用などその他にも，テクニカルな変形を見かけるが，まず，その前に次の証明の基本的な考え方は確認しておこう。

これで 解決 !

不等式の証明
考え方と手順 ➡
- 基本は……（大きい方）−（小さい方）
- （平方完成）$^2 \geqq 0$……証明の常識
- $\sqrt{\ }$ があったら……$(\sqrt{A})^2 - (\sqrt{B})^2$（2 乗の差）
- （相加平均）$\geqq$（相乗平均）……形を見て一度は考える

練習 22　次の不等式を証明せよ。また，等号が成立する条件を求めよ。

(1)　$(x + y)^3 \leqq 4(x^3 + y^3)$ $(x \geqq 0,\ y \geqq 0)$ 〈津田塾大〉

(2)　$\sqrt{ax + by}\sqrt{x + y} \geqq \sqrt{a}\,x + \sqrt{b}\,y$ $(a,\ b,\ x,\ y$ は正の実数$)$ 〈甲南大〉

(3)　$x > 0,\ y > 0,\ x + y = 1$ のとき，$\left(1 + \dfrac{1}{x}\right)\left(1 + \dfrac{1}{y}\right) \geqq 9$ 〈宮崎大〉

23 座標軸上の点

2点 $(-1,\ 1)$, $(1,\ 5)$ から等距離にある x 軸上の点の x 座標は
□ である。　　　　　　　　　　　　　　〈昭和薬大〉

解　x 軸上の点を $(x,\ 0)$ とおくと
$$\sqrt{(x+1)^2+1^2}=\sqrt{(x-1)^2+5^2}$$
両辺を2乗して
$$x^2+2x+2=x^2-2x+26$$
$$4x=24 \quad よって，\ x=6$$

┌─ **2点間の距離** ─┐
$A(x_1,\ y_1)$, $B(x_2,\ y_2)$
$AB=\sqrt{(x_2-x_1)^2+(y_2-y_1)^2}$

アドバイス ・・・
● 座標平面上の点 P のおき方は，一般的には $P(x,\ y)$ とおくが，とくに座標軸上の点については次のようにおく。

これで 解決 !

x 軸上の点は $P(x,\ 0)$，y 軸上の点は $P(0,\ y)$　とおく

練習23　2点 $(-1,\ 2)$, $(3,\ 4)$ から等距離にある x 軸上の点を求めよ。　〈早稲田大〉

24 平行な直線，垂直な直線

点 $(-2,\ 1)$ を通り，直線 $3x-y+4=0$ に平行な直線と垂直な直線の方程式を求めよ。　　　　　　　　　　　　　　〈日本大〉

解　直線の式は $y=3x+4$ だから傾きは3
よって，平行な直線は $y-1=3(x+2)$　より
$$3x-y+7=0$$
垂直条件から傾きは $m\cdot3=-1$ より $m=-\dfrac{1}{3}$
よって，垂直な直線は $y-1=-\dfrac{1}{3}(x+2)$　より
$$x+3y-1=0$$

┌─ **直線の方程式（Ⅰ）** ─┐
点 $(x_1,\ y_1)$ を通り傾き m
$$y-y_1=m(x-x_1)$$

アドバイス ・・・
● 2直線の平行・垂直条件は図形と式の基本だ。忘れたとはいえないぞ。

これで 解決 !

2直線 $\begin{cases} y=mx+n \\ y=m'x+n' \end{cases}$ ⇒ 平行条件　$m=m'$
　　　　　　　　　　　　　垂直条件　$m\cdot m'=-1$

練習24　2直線 $2x+3y=1$, $3x+y=5$ の交点を通り，直線 $3x+2y=6$ に平行な直線の方程式は □ ，垂直な直線の方程式は □ である。　〈広島工大〉

25　3点が同一直線上にある

3点 A$(3, 4)$，B$(-2, 5)$，C$(6-a, 3)$ が，同一直線上にあるなら a の値は □ である。　　　　　　　　　　〈明治大〉

解　2点 A，B を通る直線の方程式は

$$y-4=\frac{5-4}{-2-3}(x-3) \text{ より } x+5y=23$$

> **直線の方程式（Ⅱ）**
> 2点 (x_1, y_1)，(x_2, y_2) を通る
> $$y-y_1=\frac{y_2-y_1}{x_2-x_1}(x-x_1)$$

これが点 C を通るから

$$6-a+5\cdot3=23 \quad \text{よって，} a=-2$$

アドバイス ･･

・3点が同一直線上にある条件は，2点を通る直線の式に，第3の点を代入すれば求められる。

3点が同一直線上にある　➡　2点を通る直線が残りの点を通る

練習25　同一直線上に，それぞれ異なる3つの点，A$(k+2, 5)$，B$(6, 5-2k)$，C$(5, 3)$ が存在するとき，k の値を求めよ。　　　　　　　　　　〈自治医大〉

26　三角形をつくらない条件

3直線 $y=-x+1$，$y=2x-8$，$y=ax-5$ が三角形をつくらないように，定数 a の値を定めよ。　　　　　　　　〈愛知大〉

解　3直線の傾きは -1，2，a であり，平行なとき

三角形はできないから $a=-1, 2$

また，3直線が1点で交わるとき三角形はできない。

直線 $y=-x+1$ と $y=2x-8$ の交点は $(3, -2)$　　　←2直線の交点を
第3の直線が通る。

これを $y=ax-5$ に代入して $-2=3a-5$，$a=1$

よって，$a=1, 2, -1$

アドバイス ･･

・3直線が三角形をつくらないのは，直線が平行なときと，3直線が1点で交わるときである。

3直線が三角形をつくらない　➡　平行になるときと1点で交わるとき

練習26　3直線 $y=kx+2k+1$，$x+y-4=0$，$2x-y+1=0$ によって三角形ができないように定数 k の値を定めよ。　　　　　　　　　　〈崇城大〉

27 点と直線の距離

(1) 点 $(2, 3)$ と直線 $3x-4y=4$ との距離を求めよ。　　〈日本大〉

(2) 放物線 $y=x^2-4x+5$ 上の点 P と直線 $2x+y+3=0$ との距離の最小値および，そのときの P の座標を求めよ。　　〈神戸大〉

解 (1) 点 $(2, 3)$ と直線 $3x-4y-4=0$ との距離は点と直線の距離の公式より

$$\frac{|3\cdot2-4\cdot3-4|}{\sqrt{3^2+(-4)^2}}=\frac{|-10|}{\sqrt{25}}=2$$

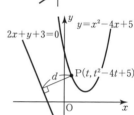

(2) 放物線上の点 P を $P(t, t^2-4t+5)$，点 P と直線 $2x+y+3=0$ との距離を d とすると

$$d=\frac{|2\cdot t+t^2-4t+5+3|}{\sqrt{2^2+1^2}}$$

$$=\frac{|t^2-2t+8|}{\sqrt{5}}=\frac{|(t-1)^2+7|}{\sqrt{5}}$$

よって，$t=1$ のとき d の最小値は $\dfrac{7}{\sqrt{5}}\left(\dfrac{7\sqrt{5}}{5}\right)$

また，P の座標は $\mathbf{P(1, 2)}$

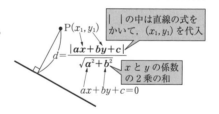

アドバイス

- 図形と方程式では，点と直線の距離の公式がいろいろな場面で使われる。公式を知らないと大変な計算をすることになるから必ず覚えておく。
- 右のように，| | の中は直線の式，$\sqrt{}$ の中は直線の係数の 2 乗と覚えるとよい。

| | の中は直線の式をかいて，(x_1, y_1) を代入

$$d=\frac{|ax+by+c|}{\sqrt{a^2+b^2}}$$

x と y の係数の 2 乗の和

これで 解決!

$$\left.\begin{array}{l}\text{点} (x_1, y_1) \text{と} \\ \text{直線 } ax+by+c=0\end{array}\right\} \text{の距離は} \implies \frac{|ax_1+by_1+c|}{\sqrt{a^2+b^2}}$$

練習27 (1) 2 直線 $x+y-3=0$，$3x-y+7=0$ の交点と直線 $4x-3y+6=0$ との距離を求めよ。　　〈日本福祉大〉

(2) k を定数とする。点 $(2, 1)$ から直線 $kx+y+1=0$ へ下ろした垂線の長さが $\sqrt{3}$ となるように，k の値を求めよ。　　〈中央大〉

(3) 点 P が放物線 $y=x^2+1$ 上を動くとき，点 P と直線 $y=x$ との距離の最小値を求めよ。また，そのときの点 P の座標を求めよ。　　〈甲南大〉

28 三角形の面積

3直線 $x-y+1=0$, $3x+2y-12=0$, $x+4y-4=0$ によって
囲まれた三角形の面積は □ である。　　　　　〈近畿大〉

解　3直線で囲まれた三角形は，右図のようになる。

$x-y+1=0$　……①

$3x+2y-12=0$……②

$x+4y-4=0$　……③

とおくと

①と②の交点は　$(2,\ 3)$

②と③の交点は　$(4,\ 0)$

③と①の交点は　$(0,\ 1)$

右図の $h=\dfrac{|2+4\cdot3-4|}{\sqrt{1^2+4^2}}=\dfrac{10}{\sqrt{17}}$

$d=\sqrt{(4-0)^2+(0-1)^2}=\sqrt{17}$

三角形の面積を S とすると

$S=\dfrac{1}{2}dh=\dfrac{1}{2}\cdot\sqrt{17}\cdot\dfrac{10}{\sqrt{17}}=\boldsymbol{5}$

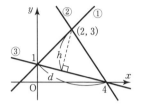

点と直線の距離

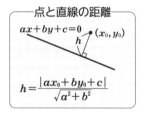

$ax+by+c=0$　$(x_0,\ y_0)$

$h=\dfrac{|ax_0+by_0+c|}{\sqrt{a^2+b^2}}$

アドバイス

- 三角形の面積を求めるには，まず，図をかいて概形をつかみたい。それから，三角形の3頂点を求める。
- 面積の求め方はいろいろあるが，素直に（底辺）×（高さ）÷2にあてはめることをすすめる。高さは「点と直線の距離」の公式を使う。
- 右図のように，頂点の1つを原点に平行移動して右の公式を使うことも有効である。穴うめでは最高に使える公式だ。

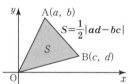

$A(a,\ b)$　$S=\dfrac{1}{2}|ad-bc|$　$B(c,\ d)$

この公式は数Cのベクトルで扱う。

$\left(S=\dfrac{1}{2}\sqrt{|\overrightarrow{OA}|^2|\overrightarrow{OB}|^2-(\overrightarrow{OA}\cdot\overrightarrow{OB})^2}\right.$
より導ける。$\left.\right)$

これで解決！

3直線がつくる　→　3つの頂点の座標を求める
三角形の面積　　　　高さは「点と直線の距離」の公式を使う

■練習28　3つの直線

$3x-2y+4=0$……①, $x+4y+6=0$……②, $2x+y-2=0$……③

の①と②，②と③，③と①の交点をそれぞれ A，B，C とするとき，三角形 ABC の面積を求めよ。　　　　　〈高崎経大〉

29　2直線を表す x, y の2次方程式

$2x^2+3xy-2y^2+5y+k=0$ が2直線を表すとき，k の値は ☐ で，2直線は ☐ と ☐ である。　　　　　〈南山大〉

解　x の2次方程式 $2x^2+(3y)x+(-2y^2+5y+k)=0$
とみて判別式 D_1 をとると
    $\begin{aligned}D_1&=(3y)^2-4\cdot2\cdot(-2y^2+5y+k)\\&=25y^2-40y-8k\end{aligned}$

◀ x についての2次式に整理する。

$D_1=0$ を y の2次方程式とみて判別式 D_2 をとり
    $D_2/4=(-20)^2-25\cdot(-8k)=0$ とする。
これより $k=-2$
このとき，与式は
    $2x^2+3xy-2y^2+5y-2=0$
    $(x+2y-1)(2x-y+2)=0$
よって，2直線は
    $x+2y-1=0,\ 2x-y+2=0$

◀ $2x^2+3yx-(2y-1)(y-2)$

$\begin{array}{ccc}1&&(2y-1)\cdots\ 4y-2\\2&&-(\ y-2)\cdots-y+2\\\hline&&3y\end{array}$

アドバイス

• x, y の2次方程式が $(ax+by+c)(a'x+b'y+c')=0$ と1次式の積の形になれば $ax+by+c=0$ と $a'x+b'y+c'=0$ の2直線を表すことができる。

• 1次式の積にするために，判別式を2回とる理由を示そう。
    $2x^2+3xy-2y^2+5y+k=0$ の2つの解は
$$x=\frac{-3y\pm\sqrt{25y^2-40y-8k}}{4}=\frac{-3y\pm\sqrt{D_1}}{4}$$
だから，与式は次のように因数分解される。
$$2x^2+3xy-2y^2+5y+k=2\left(x-\frac{-3y+\sqrt{D_1}}{4}\right)\left(x-\frac{-3y-\sqrt{D_1}}{4}\right)$$
ここで，D_1 が y についての完全平方式 $\sqrt{(ay+b)^2}$ の形になるとき $\sqrt{\ }$ がはずれ1次式の積の形になるから，$D_1=25y^2-40y-8k=0$ が重解をもつ条件 $D_2=0$ とすればよい。

これで 解決!

x, y の2次方程式が 2直線を表す条件	➡	(xの2次方程式とみて) 判別式 D_1 をとる	➡	($D_1=0$ を y の2次方程式とみて) 判別式 $D_2=0$ とする

練習29　xy 平面において $x^2-xy-6y^2+2x+ky-3=0$ が2直線を表すという。そのような定数 k は2つあり，それらを k_1, k_2 $(k_1<k_2)$ とすると，$k_1=$ ☐ ，$k_2=$ ☐ である。$k=k_1$ のとき2直線は $x-$ ☐ $y-$ ☐ $=0$ と $x+$ ☐ $y+$ ☐ $=0$ である。　　　　　　〈近畿大〉

30 直線に関して対称な点

> 直線 $l : y = 2x - 1$ に関して，点 A$(0,\ 4)$ と対称な点 B の座標を求めよ。　　　　　　　　　　　　　　　　　　　　　〈鹿児島大〉

解　　点 A と対称な点を B$(p,\ q)$ とする。

直線 AB の傾きは $\dfrac{q-4}{p-0}$ であり

直線 $y = 2x - 1$ に垂直だから

$$\frac{q-4}{p-0} \cdot 2 = -1 \quad \text{より}$$

$$p + 2q - 8 = 0 \cdots\cdots ①$$

線分 AB の中点 $\left(\dfrac{p+0}{2},\ \dfrac{q+4}{2} \right)$ が

直線 $y = 2x - 1$ 上にあるから

$$\frac{q+4}{2} = 2 \cdot \frac{p}{2} - 1 \quad \text{より}$$

$$2p - q - 6 = 0 \cdots\cdots ②$$

①，②を解いて　$p = 4,\ q = 2$

よって，**B$(4,\ 2)$**

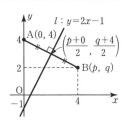

垂直条件
$$m \cdot m' = -1$$

中点の座標
A$(x_1,\ y_1)$，B$(x_2,\ y_2)$
の中点は
$$\left(\frac{x_1 + x_2}{2},\ \frac{y_1 + y_2}{2} \right)$$

アドバイス ••••••••••••••••••••••••••••••••••••••

- 点 A$(a,\ b)$ と直線 $y = mx + n$ に関して対称な点 B$(p,\ q)$ を求めるには，次の(i)，(ii)から求める。

  (i)　AB の傾き $\dfrac{q-b}{p-a}$ が対称軸に垂直である。

  (ii)　AB の中点 $\left(\dfrac{p+a}{2},\ \dfrac{q+b}{2} \right)$ が対称軸上にある。

  (i)，(ii)からつくられる関係式を連立させて解く。

- ここでのキーワードは "垂直と中点" だ！

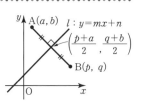

これで　解決！

直線に関して対称な点
$\left(\begin{smallmatrix} \text{点 A}(a,\ b) \text{と直線 } y = mx + n \text{に} \\ \text{関して対称な点 B}(p,\ q) \text{の求め方} \end{smallmatrix}\right)$　➡

(i)　**AB は直線 $y = mx + n$ に垂直**
$$\frac{q-b}{p-a} \cdot m = -1$$

(ii)　**AB の中点が直線 $y = mx + n$ 上にある**
$$\frac{q+b}{2} = m \cdot \frac{p+a}{2} + n$$

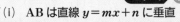

■**練習30**　直線 $l : 2x + y = 16$ に関して点 P$(4,\ 3)$ と対称な点の座標を求めよ。〈中央大〉

31 k の値にかかわらず定点を通る

直線 $(2k+1)x+(k+4)y-k+3=0$ は k の値にかかわらず定点 □ を通る。 〈立教大〉

解　$(2x+y-1)k+(x+4y+3)=0$ と変形
k についての恒等式とみて
$$\begin{cases} 2x+y-1=0 \cdots\cdots① \\ x+4y+3=0 \cdots\cdots② \end{cases}$$
①, ②を解いて $x=1$, $y=-1$　よって **(1, -1)**

←k がどんな値をとっても
成り立つから, k の恒等
式とみる。

アドバイス ••
• このような k を含む直線や円の式は $f(x, y)+kg(x, y)=0$ と変形して
$$\begin{cases} f(x, y)=0 \\ g(x, y)=0 \end{cases}$$ の連立方程式を解くと, その解が定点となる。

 これで 解決!

k の値にかかわらず定点を通る ➡ k についての恒等式とみる

練習31　直線 $l:(k+1)x+(k-1)y-2k=0$ が k の値にかかわらず通る定点を求めよ。
〈名城大〉

32 2直線の交角の2等分線

2直線 $8x-y=0$ と $4x+7y-2=0$ の交角の2等分線の方程式は □ と □ である。 〈東京薬大〉

解　交角の2等分線上の点を $P(x, y)$ とすると,
P から2直線までの距離は等しいから
$$\frac{|8x-y|}{\sqrt{8^2+(-1)^2}}=\frac{|4x+7y-2|}{\sqrt{4^2+7^2}}$$
よって, $(8x-y)=\pm(4x+7y-2)$
$8x-y=4x+7y-2$ より　$2x-4y+1=0$
$8x-y=-(4x+7y-2)$ より　$6x+3y-1=0$

← $|a|=|b|$
　　⇕
　　$a=\pm b$

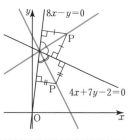

アドバイス ••
• 2直線の交角の2等分線を求めるのに, 角にとらわれるとハマッテしまう。
2直線からの距離が等しい点の軌跡と考えるのが賢い。

これで 解決!

2直線の交角の2等分線 ➡ 角でいかずに距離でいく

練習32　2直線 $2x+y-3=0$, $x-2y+1=0$ のなす角の2等分線の方程式を求めよ。
〈学習院大〉

33　円の方程式と円の中心

> 2 点 A$(2, -4)$, B$(5, -3)$ を通り, 中心が直線 $y=x-1$ 上にある
> 円の方程式は ☐ である。　　　　　　　　　　　　〈青山学院大〉

解　円の中心を $(t, t-1)$ とおくと円の方程式は
$$(x-t)^2+(y-t+1)^2=r^2$$
と表せる。

←直線 $y=x-1$ 上の任意の
点は $(t, t-1)$ と表せる。

2 点 $(2, -4)$, $(5, -3)$ を通るから
$$(2-t)^2+(-3-t)^2=r^2 \cdots\cdots①$$
$$(5-t)^2+(-2-t)^2=r^2 \cdots\cdots②$$

←$2t^2+2t+13=2t^2-6t+29$
　$8t=16$ より $t=2$

①, ②より $t=2$, $r^2=25$

よって, $(x-2)^2+(y-1)^2=25$

別解　円の中心は, 線分 AB の垂直 2 等分線と, 直
線 $y=x-1$ ……① との交点である。線分 AB
の傾きは $\dfrac{-3-(-4)}{5-2}=\dfrac{1}{3}$, 中点は $\left(\dfrac{7}{2}, -\dfrac{7}{2}\right)$

よって, AB の垂直 2 等分線の方程式は
$$y-\left(-\dfrac{7}{2}\right)=-3\left(x-\dfrac{7}{2}\right)$$ より
$$y=-3x+7 \cdots\cdots②$$

①と②の交点 (円の中心) は $(2, 1)$
半径は $\sqrt{(2-2)^2+\{1-(-4)\}^2}=5$

ゆえに, $(x-2)^2+(y-1)^2=25$

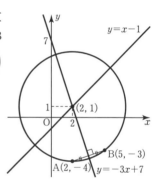

アドバイス

- 一般に, 曲線 $y=f(x)$ 上にある点は $(t, f(t))$ と表して考えるのがよい。この問題
  でも円の中心が $y=x-1$ 上にあるので中心を $(t, t-1)$ とおいた。
- 円が 2 点 A, B を通るとき, 円の中心は線分 AB (弦 AB) の垂直 2 等分線上にあ
  ることも大切な性質だ。別解はこの性質を使っている。

これで 解決 !

円の方程式と円の中心

中心が $y=f(x)$ 上にあるとき ➡ 中心は $(t, f(t))$ とおける

円が 2 点 A, B を通るとき ➡ 中心は線分 AB の垂直 2 等分線上

練習33　2 点 A$(4, -2)$, B$(1, -3)$ を通り, 中心が直線 $y=3x-1$ 上にある円の方程式
は $x^2+y^2-\boxed{}x-\boxed{}y-\boxed{}=0$ である。　　　　　　〈九州産大〉

34 円の接線の求め方——3つのパターン

点 $(3, 1)$ を通り，円 $x^2+y^2=5$ に接する直線の方程式は ☐ または ☐ である。

〈関西学院大〉

解

パターンⅠ：接点を (x_1, y_1) とおく方法

接点を (x_1, y_1) とおくと

$x_1^2+y_1^2=5$ ……① ←接点 (x_1, y_1) は円 $x^2+y^2=5$ 上の点だから①が成り立つ。

接線の方程式は

$x_1x+y_1y=5$ ……②

②が点 $(3, 1)$ を通るから

$3x_1+y_1=5$ ……③

③を $y_1=5-3x_1$ として①に代入すると

$x_1^2+(5-3x_1)^2=5$ これより

$x_1^2-3x_1+2=0$

$(x_1-1)(x_1-2)=0$

$x_1=1, 2$

③に代入して

$x_1=1$ のとき $y_1=2$，$x_1=2$ のとき $y_1=-1$

よって，$x+2y=5, 2x-y=5$

←x_1，y_1 の値を②に代入する。

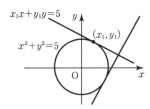

円の接線
円 $x^2+y^2=r^2$ 上の点
(x_1, y_1) における接線
$x_1x+y_1y=r^2$

パターンⅡ：傾きを m とおいて，判別式の利用

点 $(3, 1)$ を通る傾き m の直線は

$y=m(x-3)+1$

$x^2+y^2=5$ に代入して

$x^2+(mx-3m+1)^2=5$

$x^2+m^2x^2+9m^2+1-6m^2x-6m+2mx=5$

$(m^2+1)x^2-(6m^2-2m)x+9m^2-6m-4=0$

←$(a+b+c)^2$
$=a^2+b^2+c^2$
$+2ab+2bc+2ca$

接する条件は判別式 $D=0$ だから

$D/4=(3m^2-m)^2-(m^2+1)(9m^2-6m-4)=0$

$9m^4-6m^3+m^2-(9m^4-6m^3+5m^2-6m-4)=0$

これより $2m^2-3m-2=0$

$(2m+1)(m-2)=0, m=-\dfrac{1}{2}, 2$

よって，$y=-\dfrac{1}{2}x+\dfrac{5}{2}, y=2x-5$

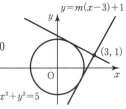

パターンⅢ：半径＝中心から接点までの距離 を利用

点 $(3, 1)$ を通り傾き m の直線の方程式は

$$y = m(x-3)+1$$

$$mx - y - 3m + 1 = 0 \quad \cdots\cdots ①$$

円の半径は，中心 $(0, 0)$ から直線①までの距離
だから

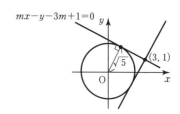

←点と直線の距離の公式を使うときは，$ax+by+c=0$ の形にして使う。

$$\frac{|m \cdot 0 - 0 - 3m + 1|}{\sqrt{m^2 + (-1)^2}} = \sqrt{5}$$

$$|-3m+1| = \sqrt{5}\sqrt{m^2+1}$$

両辺を 2 乗して

$$9m^2 - 6m + 1 = 5(m^2+1)$$

$$2m^2 - 3m - 2 = 0$$

$$(2m+1)(m-2) = 0$$

$$m = -\frac{1}{2},\ 2$$

よって，$y = -\dfrac{1}{2}x + \dfrac{5}{2}$，$y = 2x - 5$

←m の値を①に代入する。

アドバイス ••

- パターンⅠ：接点を (x_1, y_1) とおいて解く方法で，接線だけでなく，接点も求める
  ときに適する。ただし，中心が原点以外にある円では $x_1x + y_1y = r^2$
  の公式は使えない。

- パターンⅡ：判別式を利用した解き方で，放物線など，円以外の 2 次曲線にも広く
  使える。やや計算が面倒なのが難点だが，利用範囲は広い。

- パターンⅢ：接線の傾きを m で表し，点と直線の距離の公式を使った鮮やかな解
  法で，原点以外に中心をもつ円のときは，とくに有効な手段である。
  この方法がイチオシだ！

これで 解決！

円の接線の方程式 ➡ 点と直線の距離で
$$\frac{|ax_1 + by_1 + c|}{\sqrt{a^2 + b^2}} = r$$

$ax + by + c = 0$

練習34 (1) 直線 $y = 2x + n$ が円 $x^2 + y^2 = 5$ に接するとき，接線の方程式を求めよ。
〈日本大〉

(2) 点 $(7, 1)$ を通り，円 $x^2 + y^2 = 25$ に接する直線の方程式は □ と □ である。
〈立命館大〉

(3) 円 $x^2 - 2x + y^2 + 6y = 0$ に接し，点 $(3, 1)$ を通る直線の方程式は □ と □
である。
〈東海大〉

35 円を表す式の条件

$x^2+y^2-6x+8y+k=0$ が円を表すとき，k のとりうる値の範囲は，$k<\boxed{}$ である。　　　　　　　　　　〈拓殖大〉

解　$(x-3)^2+(y+4)^2=25-k$ より　　　　　　　←円の標準形にする。

円を表すためには半径は正だから

$25-k>0$　　　　　　　　　　　　　←円の半径を r とすると

よって，$k<25$　　　　　　　　　　　$r>0$ である。

アドバイス・・・

- 円の式のような形をしていても，文字を含むときは円を表さないことがある。
  円を表すために，次のことを確認したい。

これで 解決！

$(x-a)^2+(y-b)^2=c$ が円を表す ➡ $c>0$（半径は正）

■**練習35**　方程式 $x^2+y^2-6x-2y+a=0$ は $a<\boxed{}$ のとき円を表す。　　〈千葉工大〉

36 点から円に引いた接線の長さ

円 $x^2-4x+y^2+1=0$ と点 A(4, 3) があるとき，A から円に引いた接線の長さを求めよ。　　　　　　　　　　　　　　〈昭和薬大〉

解　与式は $(x-2)^2+y^2=3$ だから，

円の中心は C(2, 0)，半径は $\sqrt{3}$

右図より △CAT は直角三角形になるから

$CA^2=AT^2+CT^2$

$(4-2)^2+3^2=AT^2+3$

よって，$AT=\sqrt{10}$ （AT>0）

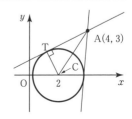

アドバイス・・・

- 円外の点から円に引いた接線の長さは，円の中心と接点を結び直角三角形を
  つくり，それから三平方の定理を使って，図形的に求める。

これで 解決！

点から円に引いた接線の長さは ➡ 三平方の定理で

■**練習36**　円 $C: x^2+y^2-10x+6y+20=0$ の半径は ア$\boxed{}$ であり，原点 O から C に引いた接線の接点を T とすると，OT$=$ イ$\boxed{}$ である。　　　〈千葉工大〉

37 定点や直線と最短距離となる円周上の点

> 円 $x^2+y^2=4$ の円周上の点Pと直線 $x+2y=10$ との距離の最小
> 値を求めよ。また、そのときのPの座標を求めよ。　　〈東京工科大〉

解　　円の中心 $(0,\ 0)$ と直線 $x+2y=10$
との距離は

←点と直線の距離
$$\frac{|ax_1+by_1+c|}{\sqrt{a^2+b^2}}$$

$$\frac{|-10|}{\sqrt{1^2+2^2}}=\frac{10}{\sqrt{5}}=2\sqrt{5}$$

よって、距離の最小値は $2\sqrt{5}-2$

このとき、Pは円の中心を通り、直線
$x+2y=10$ に垂直な直線と円との交点
である。

直線 OP は $y=2x$ だから、$x^2+y^2=4$
と連立させて解くと、

$$x^2+(2x)^2=4 \ \ より \ \ 5x^2=4$$

$x>0$ だから $x=\dfrac{2}{\sqrt{5}}=\dfrac{2\sqrt{5}}{5}$, $y=\dfrac{4\sqrt{5}}{5}$

よって、$\mathbf{P}\left(\dfrac{2\sqrt{5}}{5},\ \dfrac{4\sqrt{5}}{5}\right)$

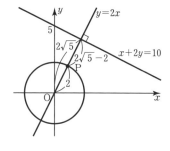

アドバイス ••

- 円周上の点と定点や直線までの最短距離を求める問題では、円周上の点にとらわ
れず、円の中心からの最短距離を求めて、半径の長さを引けばよい。
- 最短となる円周上の点Pの座標は、直線に垂直で、円の中心を通る直線との交点
を求めればよい。
  なお、定点からの最短距離の問題も、同様に考えよう。

これで 解決！

円周上の点Pと定点、直線までの最短距離
　➡　円の中心からの距離で考える
最短となる円周上の点Pの座標は
　➡　円の中心を通る直線で考える

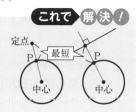

練習37 (1) 点Pが円 $x^2-2x+y^2-2y-18=0$ 上を動くとき、点 A(4, 1) との距離 AP
の最小値は □ であり、最大値は □ である。　　　　〈成蹊大〉

(2) 円 $x^2+y^2-6x-4y+11=0$ 上の点Pについて、直線 $y=x-5$ との距離の最小
値を求めよ。また、そのときのPの座標を求めよ。　　〈大阪工大〉

38

38 切り取る線分(弦)の長さ

円 $C : x^2+y^2=10$ と直線 $l : x-y=2$ がある。

(1) 円 C と直線 l との交点の x 座標を求めよ。

(2) 円 C が直線 l から切り取る線分の長さを求めよ。　　〈神奈川大〉

解　(1)　$x^2+y^2=10$ に $y=x-2$ を代入して

$$x^2-2x-3=0$$
$$(x-3)(x+1)=0$$

よって，$x=3,\ -1$

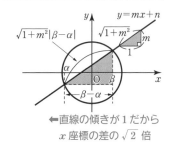

(2)　線分の長さは，右図のように
相似比を利用して，$m=1$ だから

$$\sqrt{1+1^2}\,|3-(-1)|=4\sqrt{2}$$

←直線の傾きが 1 だから
　x 座標の差の $\sqrt{2}$ 倍

別解　右図のように，直角三角形 OPH を考える。

$$OH=\frac{|-2|}{\sqrt{1^2+(-1)^2}}=\sqrt{2}\quad だから$$

$OP^2=OH^2+PH^2$　より

$PH^2=10-2=8$　　よって　$PH=2\sqrt{2}$

よって，$PQ=2PH=4\sqrt{2}$

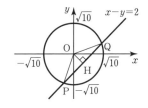

アドバイス

- 円や放物線が直線を切り取るとき，その線分(弦)の長さは，上図のように相似比を使って求められる。交点を $(x_1,\ y_1)$，$(x_2,\ y_2)$ として $\sqrt{(x_2-x_1)^2+(y_2-y_1)^2}$ を使っても求められるが，計算が面倒である。
- 円の中心と半径が求まれば，別解のように三平方の定理を利用するのも有効だ。しかし，放物線では使えないから注意する。

これで 解決!

（直線 $y=mx+n$ から円，放物線が）

切り取る線分(弦)の長さは　⇒

（$\alpha,\ \beta$ は交点の x 座標）

$\sqrt{1+m^2}\,|\beta-\alpha|$

円は三平方の定理が有効

練習38　(1)　直線 $y=x+2k$ が放物線 $y=x^2$ によって切り取られる線分の長さが
2 以上 4 以下であるとき，k の値の範囲は □ である。　　〈昭和薬大〉

(2)　円 $x^2+y^2-2y=0$ と直線 $ax-y+2a=0$ が異なる 2 点 P，Q で交わる。

① 定数 a のとりうる値の範囲を求めよ。

② PQ の長さが $\sqrt{2}$ となる a の値を求めよ。　　〈関西大〉

39　直線と直線，円と円の交点を通る（直線・円）

(1)　次の 2 直線の交点と点 $(2, 0)$ を通る直線の方程式を求めよ。
$$3x-2y-4=0, \qquad 4x+3y-10=0 \qquad \text{〈専修大〉}$$

(2)　2 つの円 $C_1 : x^2+y^2-6x-4y=0$，$C_2 : x^2+y^2=6$ の 2 交点と点 $(1, 1)$ を通る円の方程式を求めよ。　　　　　　〈摂南大〉

解

(1)　直線と直線の交点を通る直線の方程式は
$$(3x-2y-4)+k(4x+3y-10)=0 \cdots\cdots① \quad \text{とおける。}$$
点 $(2, 0)$ を通るから
$$(3\cdot2-2\cdot0-4)+k(4\cdot2+3\cdot0-10)=0$$
$$2-2k=0 \quad \text{より} \quad k=1$$
①に代入して　$7x+y-14=0$

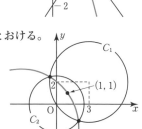

(2)　円と円の交点を通る円の方程式は
$$(x^2+y^2-6x-4y)+k(x^2+y^2-6)=0 \cdots\cdots② \quad \text{とおける。}$$
点 $(1, 1)$ を通るから
$$(1+1-6\cdot1-4\cdot1)+k(1+1-6)=0$$
$$-8-4k=0 \quad \text{より} \quad k=-2$$
②に代入して
$$(x^2+y^2-6x-4y)-2(x^2+y^2-6)=0$$
よって，$x^2+y^2+6x+4y-12=0$

アドバイス

- この問題のように，直線と直線，円と円（直線と円でもよい）の交点を通る図形の方程式を求めるのに，いちいち交点を求めていたら大変だ。
- ここで，公式の背景を説明する余裕はないが，次のようにおいて求めることができることを知っておいてほしい。

これで　解決！

| 直線と直線，円と円の交点を通る直線，円 | ➡ | 直線と直線の交点を通る直線 $(ax+by+c)+k(a'x+b'y+c')=0$ とおく 円と円の交点を通る円 $(x^2+y^2+\cdots\cdots)+k(x^2+y^2+\cdots\cdots)=0$ とおく（$k=-1$ のときは直線になる） |

練習39　(1)　2 直線 $2x-y-1=0$，$3x+2y-3=0$ の交点と点 $(-1, 1)$ を通る直線の方程式を求めよ。　　　　　　〈近畿大〉

(2)　2 つの円 $C_1 : x^2+y^2+3x-y-5=0$，$C_2 : x^2+y^2+x+y-3=0$ の交点と点 $(-3, 1)$ を通る円の中心と半径を求めよ。　　　　　　〈名城大〉

40 平行移動

> 直線 $5x+3y=10$ を x 軸方向に -2，y 軸方向に 1 だけ平行移動
> した直線の方程式は □ である。　　　　　　　　　　　〈工学院大〉

解　　直線上の点を (s, t) とすると $5s+3t=10$ ……①
移された点を (x, y) とすると

$$\begin{cases} x=s-2 \\ y=t+1 \end{cases} \text{より} \quad \begin{cases} s=x+2 \\ t=y-1 \end{cases} \text{として①に代入すると}$$

$5(x+2)+3(y-1)=10$　よって　$\boldsymbol{5x+3y=3}$

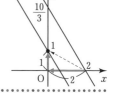

アドバイス ••

- 平行移動では，この解法のように，軌跡の考えから得られる次の公式を使うのが
有効である。どんな曲線にも使える。

これで 解決!

$$\begin{cases} x \text{ 軸方向に } \boldsymbol{a} \\ y \text{ 軸方向に } \boldsymbol{b} \end{cases} \text{の平行移動は} \implies \begin{cases} x \rightarrow x-a \\ y \rightarrow y-b \end{cases} \text{として代入}$$

■練習40　関数 $y=x^2+ax+3$ の表すグラフを x 軸方向に 1，y 軸方向に 2 だけ平行移動
すると点 $(2, 5)$ を通るとき，$a=$ □ である。　　　　　　　〈日本大〉

41 放物線の頂点や円の中心の軌跡

> a が正の値をとって変化するとき，放物線 $y=x^2-2ax+1$ の頂点
> はどんな曲線を描くか。　　　　　　　　　　　　　　　〈広島電機大〉

解　　$y=(x-a)^2-a^2+1$　と変形。　　　　　　←a は x，y の媒介変数。
頂点を (x, y) とすると　$x=a, y=-a^2+1$　　　←x，y を a で表す。
a を消去して　$y=-x^2+1$　　　　　　　　　←a を消去し，x，y だけ
$a>0$ だから　$x>0$　　　　　　　　　　　　　　の式にする。
よって，放物線 $y=-x^2+1$ の $x>0$ の部分。

アドバイス ••

- これは動点が媒介変数で表されるもので，軌跡の問題の基本といえるものだ。

これで 解決!

$$\left.\begin{array}{l} \text{放物線の頂点} \\ \text{円の中心} \end{array}\right\} \text{の軌跡} \implies \begin{array}{c} \text{頂点や中心を} \\ (x, y) \text{とする} \end{array} \xrightarrow[\text{を消去して}]{\text{媒介変数}} x, y \text{の式に}$$

■練習41　放物線 $y=x^2-2(m-1)x+2m^2-m$ の m にいろいろな値を与えたとき，放物
線の頂点が描くグラフの方程式を求めよ。　　　　　　　　　〈釧路公立大〉

42 分点，重心の軌跡

(1)　点 P が放物線 $y=x^2+1$ 上を動くとき，原点 O と点 P を結ぶ
線分の中点 Q の軌跡の方程式を求めよ。　　　　　〈北海学院大〉

(2)　2 点 A$(0,\ 3)$，B$(0,\ 1)$ と円 $(x-2)^2+(y-2)^2=1$ がある。点 P
が円周上を動くとき，△ABP の重心 G の軌跡を求めよ。〈高崎経大〉

解

(1)　P$(s,\ t)$，Q$(x,\ y)$ とすると
P が放物線上にあるから $t=s^2+1$ ……①
Q は OP の中点だから

$x=\dfrac{s}{2}$，$y=\dfrac{t}{2}$　より $s=2x$，$t=2y$ として

①に代入すると，$2y=(2x)^2+1$

よって，$y=2x^2+\dfrac{1}{2}$

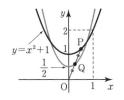

(2)　P$(s,\ t)$，G$(x,\ y)$ とすると
P$(s,\ t)$ が円周上にあるから
$(s-2)^2+(t-2)^2=1$ ……①
△ABP の重心 G の座標は

$x=\dfrac{0+0+s}{3}$　$y=\dfrac{3+1+t}{3}$

$s=3x$，$t=3y-4$　として
①に代入すると $(3x-2)^2+(3y-6)^2=1$

よって，円 $\left(x-\dfrac{2}{3}\right)^2+(y-2)^2=\dfrac{1}{9}$

←両辺を 9 で割るとき，
（　）^{2} の中は 3 で割る。

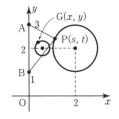

アドバイス

▸軌跡を求める手順◂
- 軌跡を求めるには，はじめに動く曲線上の点を $(s,\ t)$ とおく。
- 次に，軌跡上の点を $(x,\ y)$ とおき，$(s,\ t)$ と $(x,\ y)$ の関係式をつくる。
- $s=(x,\ y$ の式$)$，$t=(x,\ y$ の式$)$ とし，s，t の式に代入して x，y の式にする。

これで　解決 !

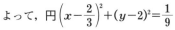

分点（内分，外分）
三角形の重心 〕の軌跡 ➡ 動点 P$(s,\ t)$ と 軌跡 $(x,\ y)$ の関係式をつくる $\xrightarrow[\text{消去して}]{s,\ t\text{を}}$ x，y の式に

■**練習42**　(1)　定点 A$(2,\ -3)$ と放物線 $y=x^2-2x$ 上の動点 P を結ぶ線分 AP を 1：2 に
内分する点 Q の軌跡の方程式は ☐ である。　　　　　〈東京薬大〉

(2)　定点 A$(6,\ 0)$，B$(3,\ 3)$ と円 $C：x^2+y^2=9$ がある。点 P が円 C 上を一周すると
き，△ABP の重心 G の軌跡の方程式を求めよ。　　　　　〈秋田大〉

43 切り取る線分の中点の軌跡

直線 $y=k(x+1)$ および放物線 $y=x^2$ について，次の問いに答えよ。
(1) 直線と放物線が異なる2点で交わるような k の値の範囲を求めよ。
(2) k が(1)で求めた範囲を動くとき，2つの交点の中点が描く軌跡を求め，xy 平面上に図示せよ。 〈青山学院大〉

解

(1) $y=x^2$ と $y=k(x+1)$ を連立させて
$x^2-kx-k=0$ ……①
①が異なる2つの実数解をもつ条件は
$D=(-k)^2-4\cdot1\cdot(-k)=k(k+4)>0$
よって，$k<-4$，$0<k$

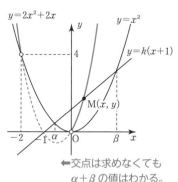

(2) 2つの交点の x 座標を α，β，交点の中点を $M(x, y)$ とすると，α，β は①の解だから，解と係数の関係より
$\alpha+\beta=k$

←交点は求めなくても $\alpha+\beta$ の値はわかる。

また，中点 M の x と y の座標は
$$\begin{cases} x=\dfrac{\alpha+\beta}{2}=\dfrac{k}{2} & ……② \\ y=k(x+1) & ……③ \end{cases}$$

←$M(x, y)$ は直線上の点だから $y=k(x+1)$ を満たす。

②を $k=2x$ として，③に代入
$y=2x(x+1)$

←k を消去する。

(1)より $2x<-4$，$0<2x$ だから $x<-2$，$0<x$
よって，$y=2x^2+2x$ $(x<-2，0<x)$（上図）

←(1)で求めた k の範囲が軌跡の定義域となる。

アドバイス ••

▶**切り取る線分の中点の軌跡3つのポイント**◀
- 定点 (x_1, y_1) を通る直線の傾きや切片 k が中点の媒介変数になっている。
- 中点の x 座標は，解と係数の関係から求められる。（交点を求める必要はない。）
x を直線の式に代入して y 座標が求められる。（x，y は k で表される。）
- 異なる2実数解をもつので，判別式 $D>0$ をとる。これが軌跡の定義域となる。

これで 解決！

切り取る線分の中点の軌跡 ➡ x 座標 $x=\dfrac{\alpha+\beta}{2}$ は解と係数の関係を利用
$D>0$ から定義域がでてくる

練習43 直線 $y=mx$ が放物線 $y=x^2+1$ と相異なる2点 A，B で交わるとする。
(1) m のとりうる値の範囲を求めよ。
(2) (1)の範囲で m の値が変化するとき，線分 AB の中点の軌跡を求めよ。〈星薬大〉

44　2直線の交点が円になる軌跡

> 2つの直線 $x+ky+k=0$ と $kx-y+3=0$ の交点は k が変化
> するとき，どのような図形を描くか。　　　　　　　〈愛知学院大〉

解　　$x+ky+k=0$ ……① $,\ kx-y+3=0$ ……②
とおくと，②より

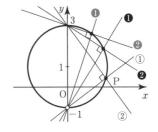

←①は $y=-\dfrac{1}{k}x-1$

②は $y=kx+3$ だから
①，②は垂直の関係。

（ⅰ）　$x\ne0$ のとき，$k=\dfrac{y-3}{x}$ として①に代入。

$$x+\frac{y-3}{x}\cdot y+\frac{y-3}{x}=0$$
$$x^2+y^2-2y-3=0$$
$$x^2+(y-1)^2=4$$

　　ただし，$x=0$ のときの2点

　　$(0,\ 3),\ (0,\ -1)$ は除く。

（ⅱ）　$x=0$ のとき

　　②は $x=0,\ y=3$，このとき①は

　　$4k=0$ だから $k=0$ のとき成り立つ。

　　よって，点 $(0,\ 3)$ は適する。

（ⅰ），（ⅱ）より　円 $x^2+(y-1)^2=4$　ただし，点 $(0,\ -1)$ は除く。（上図）

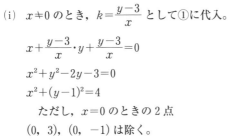

アドバイス ・・・

- この問題を解くのに，交点を出して軌跡を求めると次のようになる。

$$\begin{cases} x+ky+k=0 & \text{……①} \\ kx-y+3=0 & \text{……②} \end{cases}$$

連立方程式
を解いて

$$\begin{cases} x=\dfrac{-4k}{1+k^2} \\ y=\dfrac{3-k^2}{1+k^2} \end{cases}$$

k を消去
して

軌跡の方程式
$x^2+(y-1)^2=4$

- 上でやっていることは，結局①，②の2式から k を消去して，$x,\ y$ の関係式を導く
のと同じなので，わざわざ交点を求める必要はなく，直接 k を消去して，$x,\ y$ の関
係式をつくればよい。

- また，除く点がわからなくて苦労している人もよくみる。上の例題のように，k の
係数が0となる x と y の値を考え，①，②の式を同時に満たさない $(x,\ y)$ の組を
さがせばよい。

これで 解決！

媒介変数●を含む
2直線の交点の軌跡 ➡ 交点を求
めないで 直接 $x,\ y$ の関係式
を導け（除く点にも注意）

■**練習44**　2本の直線 $mx-y=0$ ……①$,\ x+my-m-2=0$ ……②の交点をPとす
る。m が実数全体を動くとき，Pの軌跡は円 $(x-\boxed{})^2+(y-\boxed{})^2=\boxed{}$
から1点$(\boxed{},\ \boxed{})$を除いたものとなる。　　　　〈獨協医大〉

45 直線 $y=f(x)$ と線分 AB が交わる条件

2 点 A$(-1,\ 2)$，B$(3,\ 1)$ を結ぶ線分と直線 $y=ax+b$ が交わる（両端は除く）とき，$(a,\ b)$ の存在範囲を図示せよ。 〈九州歯大〉

解 点 A，B が直線 $y=ax+b$ の両側にあればよい。

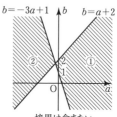

$$\begin{cases} 2>-a+b \\ 1<3a+b \end{cases} \text{より} \begin{cases} b<a+2 \\ b>-3a+1 \end{cases} \cdots\cdots ①$$

$$\begin{cases} 2<-a+b \\ 1>3a+b \end{cases} \text{より} \begin{cases} b>a+2 \\ b<-3a+1 \end{cases} \cdots\cdots ②$$

①または②の領域だから右図の斜線部分。

境界は含まない

アドバイス ••

$b=f(a)$ のとき点 $(a,\ b)$ は直線 $y=f(x)$ 上の点 $\Rightarrow$ ・$b>f(a)$ のとき点 $(a,\ b)$ は直線の上側にあり，・$b<f(a)$ のとき点 $(a,\ b)$ は直線の下側にある。

これで 解決！

線分 AB と直線が交わる $\blacktriangleright$ A と B は直線の向こう側とこっち側

■**練習45** 点 A$(-1,\ 5)$，B$(2,\ -1)$ とする。直線 $y=(b-a)x-(3b+a)$ が線分 AB と共有点をもつとする。P$(a,\ b)$ の存在範囲を図示せよ。 〈茨城大〉

46 $f(x,\ y)\cdot g(x,\ y)\geqq 0$ の表す領域

$(x-1)(y-2)(x+y+1)<0$ の表す領域を図示せよ。 〈学習院大〉

解 境界は $x=1,\ y=2,\ x+y+1=0$
境界線で分けられた領域内の 1 つの点 $(2,\ 0)$ を代入すると

$$(2-1)(0-2)(2+0+1)=-6<0$$

より成り立つから $(2,\ 0)$ を含む領域は適する。領域は交互に現れるから右図の斜線部分。

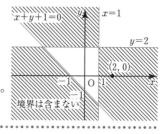

アドバイス ••

• 積で表された不等式の領域は，領域内の 1 つの点を与式に代入して，その領域が正しいかどうか調べる。あとは境界を境に交互に領域を表していく。

これで 解決！

$f(x,\ y)\cdot g(x,\ y)\geqq 0$ の領域 $\blacktriangleright$ 境界をかく $\xrightarrow[\text{1 点を代入}]{\text{領域内の}}$ 領域は交互に

■**練習46** $(x^2-y-1)(x-y+1)(y-1)<0$ を満たす点 $(x,\ y)$ の領域を図示せよ。

〈名古屋市大〉

47 領域における最大・最小（Ⅰ）

(1)　x, y が 3 つの不等式 $y \geq x$, $y \leq 2x$, $x+y \leq 2$ を満たすとき，$2x+y$ の最大値を求めよ。　　〈山梨大〉

(2)　x, y が次の不等式を満たすとき，x^2+y^2 の最大値と最小値を求めよ。　　$x-3y \geq -6$, $x+2y \geq 4$, $3x+y \leq 12$　　〈横浜国大〉

解

(1)　領域は右図の境界を含む斜線部分。

$2x+y=k$ とおいて，$y=-2x+k$ に変形。

これは，傾き -2 で，k の値によって上，下に平行移動する直線を表す。

k の最大値は点 $(1, 1)$ を通るとき。

よって，$k=2 \cdot 1+1=3$ （最大値）

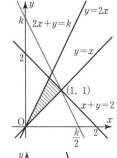

(2)　領域は右図の境界を含む斜線部分。

$x^2+y^2=k$ とおくと，これは原点を中心とする半径 $\sqrt{k}$ の円を表す。

$$OH=\frac{|0+2 \cdot 0-4|}{\sqrt{1^2+2^2}}=\frac{4\sqrt{5}}{5}$$

$$OA=\sqrt{3^2+3^2}=3\sqrt{2} \quad \text{より} \quad \frac{16}{5} \leq k \leq 18$$

よって，最大値 18，最小値 $\dfrac{16}{5}$

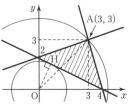

アドバイス ・・・

▶領域における最大・最小の問題の 3 つのポイント◀

- 与えられた領域を正確にかくこと。ここで間違っては元も子もない。
- 与えられた式を $f(x, y)=k$ とおき，(1)のように直線ならば切片を，(2)のように円ならば半径を考える。
- 示された領域の端点，頂点，接点（円などの場合）の (x, y) で最大値や最小値となる。

これで 解 決！

| 領域における最大・最小 | ➡ | $f(x, y)=k$ とおき 〔直線なら切片 円なら半径〕 領域の端点，円や放物線なら接点 | で考える |

練習47　座標平面上の点 $P(x, y)$ が $4x+y \leq 9$, $x+2y \geq 4$, $2x-3y \geq -6$ の範囲を動くとき，$2x+y$, x^2+y^2 のそれぞれの最大値と最小値を求めよ。　　〈京都大〉

48 領域における最大・最小（Ⅱ）

$x^2+y^2\leqq1$, $y-x\leqq1$ のとき，$k=\dfrac{y-2}{x-3}$ の最大値および最小値を

求めよ。 〈東京理科大〉

解 領域は右図の境界を含む斜線部分。

$$k=\frac{y-2}{x-3} \quad より \quad y-2=k(x-3) \cdots\cdots①$$

①は定点 $(3,\ 2)$ を通る傾き k の直線
を表す。

①と円が接するとき，①と中心 $(0,\ 0)$
までの距離が 1 だから

$kx-y-3k+2=0$ として

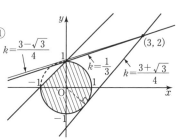

$$\frac{|-3k+2|}{\sqrt{k^2+(-1)^2}}=1, \quad |-3k+2|=\sqrt{k^2+1}$$

両辺を 2 乗して，整理すると

$$8k^2-12k+3=0 \quad より \quad k=\frac{3\pm\sqrt{3}}{4}$$

←図より $k=\dfrac{3-\sqrt{3}}{4}$ のとき
は領域外である。

$\left(\dfrac{3-\sqrt{3}}{4}<\dfrac{1}{3}\ である\right)$

また，①が点 $(0,\ 1)$ を通るとき $k=\dfrac{1}{3}$

よって，$\dfrac{1}{3}\leqq k\leqq\dfrac{3+\sqrt{3}}{4}$

ゆえに，最大値 $\dfrac{3+\sqrt{3}}{4}$，最小値 $\dfrac{1}{3}$

アドバイス ••

- 領域における最大・最小で，求める式が分数式のとき，$\dfrac{g(x,\ y)}{f(x,\ y)}=k$ とおく。

- 分母を払うと，ほとんどの場合定点を通る直線の式になるから，領域とこの直線が
  接する場合（の傾き）を考えればよい。そのときの k の値が最大値，最小値となる。

これで **解決!**

| 領域における
最大・最小 | ⇒ | $\dfrac{g(x,\ y)}{f(x,\ y)}=k$ とおき | 分母を払い
⟶ | 定点を通る直線
の傾きで考える |

練習48 連立不等式 $x-y-4\leqq0$, $x^2+y^2-4x+6y\leqq0$ の表す領域を A とする。点 $(x,\ y)$

が領域 A を動くとき，$\dfrac{y-4}{x-6}$ の最大値と最小値を求めよ。 〈静岡文化芸術大〉

49 $|x-\alpha|+|x-\beta|\leqq k$　の表す領域

動点 P$(x,\ y)$ が不等式 $|x|+|y|\leqq 1$ が表す領域内にあるとき，

$2x+y$ の最大値は □，最小値は □ である。　　　〈帝京大〉

解

(ア)　$x\geqq 0,\ y\geqq 0$ のとき　$x+y\leqq 1$

(イ)　$x\geqq 0,\ y<0$ のとき　$x-y\leqq 1$

(ウ)　$x<0,\ y\geqq 0$ のとき　$-x+y\leqq 1$

(エ)　$x<0,\ y<0$ のとき　$-x-y\leqq 1$

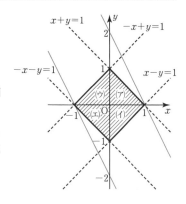

これより，$|x|+|y|\leqq 1$ の表す領域は右図
の境界を含む斜線部分。

$2x+y=k$ とおいて $y=-2x+k$ と変形。

これは，傾き -2，k の値によって上下に
平行移動する直線を表す。

よって，最大値は点 $(1,\ 0)$ を通るとき

$$k=2\cdot 1+0=\boldsymbol{2}$$

最小値は点 $(-1,\ 0)$ を通るとき

$$k=2\cdot(-1)+0=\boldsymbol{-2}$$

アドバイス ••

- $|x|+|y|\leqq k$ の表す領域は 4 点 $(\pm k,\ 0)$，$(0,\ \pm k)$ を頂点とする正方形の境界を
  含む内部と覚えておこう。

- $|x-\alpha|+|y-\beta|\leqq k$ は $|x|+|y|\leqq k$ を x 軸方向に α，y 軸方向に β だけ平行
  移動したものだから，領域は次のように表せる。

これで　解決！

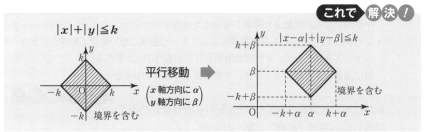

なお $|x|+2|y|\leqq 1$ は右図のように，

$(\pm 1,\ 0)$，$\left(0,\ \pm\dfrac{1}{2}\right)$ を頂点とするひし形の

境界を含む内部になる。

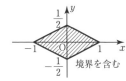

■練習49　$x,\ y$ が不等式 $|x-2|+|y-2|\leqq 2$ を満たすとき，次の問いに答えよ。

(1)　この不等式の表す領域を図示せよ。

(2)　$x+2y$ の最大値と最小値を求めよ。　　　　　　　　　　　　〈大分大〉

50 kがどんな実数をとっても通らない領域

kがどんな実数値をとっても，直線 $y=2kx-(k+1)^2$ が決して通らない点 (x, y) の存在範囲を図示せよ。　　　　〈日本女子大〉

解　$y=2kx-(k+1)^2$ を

$k^2+2(1-x)k+y+1=0$　と変形。　　←kの2次方程式とみて整理する。

$D<0$ のとき，実数 k は存在しないから

$D/4=(1-x)^2-(y+1)<0$　　　←$D<0$ のとき，実数解をもたない。

$y>(x-1)^2-1$

よって，kがどんな実数値をとっても，通らない領域は右図の斜線部分。

ただし，境界は含まない。

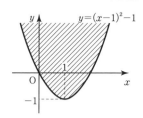

$y=(x-1)^2-1$

アドバイス

- 数学では，実数条件に関することがたびたびでてくるが，意外に理解しにくいようなので，実数条件と判別式 D との関係を，上の問題で解説してみよう。
- 例えば点 $(1, 1)$ を代入すると，与式は $1=2k-(k+1)^2 \Longrightarrow k^2+2=0$ となり，実数 k の値は存在しない。つまり，この直線は $(1, 1)$ を通らない。

  そこで，k についての2次方程式が実数解をもたない条件を考える。

  $k^2+2(1-x)k+y+1=0$ の解は　$k=x-1\pm\sqrt{(1-x)^2-(y+1)}$

- ここで，$\sqrt{}$ の中は x，y の値によって，正にも，負にも，0 にもなる。

  そこで，$\sqrt{D}$ としたとき，$D\geqq0$ なら実数 k が存在するが，$D<0$ のときは $\sqrt{}$ の中が負になり，実数 k が存在しないことになる。

- したがって，「kがどんな実数値をとっても…の通過しない範囲」を考えるとき，k の2次方程式とみて，k が実数解をもたない条件 $D<0$ をとる。

  逆に通過できる範囲のときは，実数解をもつ条件 $D\geqq0$ をとる。

これで 解決！

kがどんな実数をとっても　$\longrightarrow$　kの2次方程式とみて

通過しない領域（範囲）　➡　$D<0$ ⎫

通過できる領域（範囲）　➡　$D\geqq0$ ⎭ の範囲をとる

練習50　aを実数として，直線 $y=2ax-a^2$ を l_a とする。

(1)　l_a が点 $(2, -5)$ を通るときの a の値を求めよ。

(2)　どのような実数 a をとっても，l_a は点 $(3, 10)$ を通らないことを示せ。

(3)　a がすべての実数を動くとき，l_a が通る点 (x, y) の全体を S とおく。領域 S を図示せよ。　　　　〈三重大〉

51 ２次方程式の解の条件と表す領域

> ２次方程式 $x^2+2ax+b=0$ の異なる２つの解が $-1<x<1$ の範囲にあるとき，点 $(a,\ b)$ の存在範囲を図示せよ。　〈大阪市大〉

解　$f(x)=x^2+2ax+b$ とおくと
$y=f(x)$ のグラフが右図のように
なればよいから

←解の条件に適する
グラフの概形を考
える。

$$\begin{cases} D/4=a^2-b>0 \\ 軸\ x=-a\ について \quad -1<-a<1 \\ f(1)=1+2a+b>0 \\ f(-1)=1-2a+b>0 \end{cases}$$

これより

$$\begin{cases} b<a^2 & \cdots\cdots① \\ -1<a<1 & \cdots\cdots② \\ b>-2a-1 & \cdots\cdots③ \\ b>2a-1 & \cdots\cdots④ \end{cases}$$

①〜④が同時に成り立つときだから
図示すると右図の斜線部分。
ただし，境界は含まない。

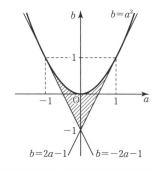

アドバイス ••

▶解の存在条件の範囲を図示する問題◀

• $ax^2+bx+c=0$ の解 $\alpha,\ \beta$ に関してグラフで考える場合，次の(ア)，(イ)，(ウ)で決まる。
　　(ア)　判別式 D　　　(イ)　軸の位置　　　(ウ)　$f(k)$ が正か負か

• 式化された不等式を図示する。
　図示するとき，$(a,\ b),\ (p,\ q),\ \cdots\cdots$ など $(x,\ y)$ 以外の文字がきても対処できるように，左が横軸，右が縦軸 と覚えておこう。

• なお，数Ⅱの解と係数の関係 $\alpha+\beta=-\dfrac{b}{a},\ \alpha\beta=\dfrac{c}{a}$ を使ってもよい。

これで 解決！

| $x^2+ax+b=0$ の解に関する $(a,\ b)$ の存在範囲 | ➡ | 解の条件から $a,\ b$ の不等式を導く $(a,\ b)$ は a を x 軸，b を y 軸と考える |

■**練習51**　方程式 $x^2+ax+b=0$ の２つの異なる解が $-1<x<2$ の範囲にある。$a,\ b$ の満たす関係式を求めよ。また，点 $(a,\ b)$ の存在する範囲を図示せよ。　〈龍谷大〉

52 加法定理

> α は第 1 象限の角，β は第 3 象限の角で，
>
> $\sin\alpha=\dfrac{2}{3}$，$\cos\beta=-\dfrac{5}{13}$ のとき，$\cos\alpha$，$\sin\beta$，$\cos(\alpha+\beta)$ の値を
>
> 求めよ。　　　　　　　　　　　　　　　　　　　　　　　　〈弘前大〉

解 $\cos\alpha>0$，$\sin\beta<0$ だから

　　　　←α，β の条件から $\cos\alpha$，$\sin\beta$ の正，負 を押さえる。

$$\cos\alpha=\sqrt{1-\sin^2\alpha}=\sqrt{1-\left(\dfrac{2}{3}\right)^2}=\dfrac{\sqrt{5}}{3}$$

$$\sin\beta=-\sqrt{1-\cos^2\beta}=-\sqrt{1-\left(-\dfrac{5}{13}\right)^2}=-\dfrac{12}{13}$$

←$\sin^2\theta+\cos^2\theta=1$ の利用。

$$\cos(\alpha+\beta)=\cos\alpha\cos\beta-\sin\alpha\sin\beta$$

←加法定理。

$$=\dfrac{\sqrt{5}}{3}\cdot\left(-\dfrac{5}{13}\right)-\dfrac{2}{3}\cdot\left(-\dfrac{12}{13}\right)=\dfrac{24-5\sqrt{5}}{39}$$

アドバイス

• 三角関数の公式で，加法定理と合成だけは覚えておかないとどうにもならない。
　特に，加法定理からは 2 倍角や半角の公式が導かれるから確認しておく。

これで 解決！

加法定理
（複号同順）
（これを知らずに 三角は戦えない）

$$\sin(\alpha\pm\beta)=\sin\alpha\cos\beta\pm\cos\alpha\sin\beta$$

$$\cos(\alpha\pm\beta)=\cos\alpha\cos\beta\mp\sin\alpha\sin\beta$$

$$\tan(\alpha\pm\beta)=\dfrac{\tan\alpha\pm\tan\beta}{1\mp\tan\alpha\tan\beta}\quad\left(\begin{array}{l}\text{イチマイナスタンタン}\\ \text{ブンノ タンプラスタン}\end{array}\right)$$

• 上の加法定理で α と β を θ にすると 2 倍角の公式に，さらに，θ を $\dfrac{\theta}{2}$ として
　半角の公式になる

2 倍角の公式

$$\cos2\theta=\cos^2\theta-\sin^2\theta\quad \sin2\theta=2\sin\theta\cos\theta$$
$$=2\cos^2\theta-1$$
$$=1-2\sin^2\theta\qquad \tan2\theta=\dfrac{2\tan\theta}{1-\tan^2\theta}$$

半角の公式

$$\cos^2\dfrac{\theta}{2}=\dfrac{1+\cos\theta}{2}$$

$$\sin^2\dfrac{\theta}{2}=\dfrac{1-\cos\theta}{2}$$

練習52 (1) $\cos\theta=\dfrac{1}{5}$ $(\pi<\theta<2\pi)$ のとき，$\sin2\theta=\boxed{}$，$\cos\dfrac{\theta}{2}=\boxed{}$ である。

〈福井工大〉

(2) 角 α，β が $0°<\alpha<90°$，$0°<\beta<90°$ の範囲にあり，かつ $\sin2\alpha=\dfrac{1}{3}\sin\alpha$，

$\cos2\beta=\dfrac{1}{6}\cos\beta$ を満たすとき，$\cos\alpha=\boxed{}$，$\cos\beta=\boxed{}$，$\cos(\alpha+\beta)=\boxed{}$
である。　　　　　　　　　　　　　　　　　　　　　　　　〈青山学院大〉

(3) 2 つの直線 $y=\dfrac{1}{3}x+1$ と $y=2x-3$ のなす角 θ の大きさを求めよ。ただし，

$0\leqq\theta\leqq\dfrac{\pi}{2}$ とする。　　　　　　　　　　　　　　　　　〈公立千歳科学技術大〉

53　3倍角の公式の導き方

$\cos 3\theta = 4\cos^3\theta - 3\cos\theta$ を示せ。　　　　　　　　〈滋賀大〉

解
$$\cos 3\theta = \cos(2\theta + \theta) = \cos 2\theta \cos\theta - \sin 2\theta \sin\theta$$

←$3\theta = 2\theta + \theta$ として加法定理で求める。

$$= (2\cos^2\theta - 1)\cos\theta - 2\sin^2\theta\cos\theta$$
$$= 2\cos^3\theta - \cos\theta - 2(1 - \cos^2\theta)\cos\theta$$
$$= 4\cos^3\theta - 3\cos\theta$$

アドバイス ••

• これは3倍角の公式であるが，暗記している人は少ないと思う。なかなか覚えきれるものではないが，忘れても加法定理で導けるのだから心配はない。

これで 解決！

3倍角の公式 $\begin{cases} \sin 3\theta = 3\sin\theta - 4\sin^3\theta \\ \cos 3\theta = 4\cos^3\theta - 3\cos\theta \end{cases}$ 　忘れたら　⮕　加法定理で導く

練習53　加法定理を用いて，次の等式が成り立つことを証明せよ。
$$\sin 3\theta = 3\sin\theta - 4\sin^3\theta$$
　　　　　　　　　　　　　　　　　　　　　　　　　　　　　　〈熊本大〉

54　2つの解が $\tan\alpha$, $\tan\beta$

$\tan\alpha$, $\tan\beta$ が x の2次方程式 $x^2 - ax + 2a^2 - 1 = 0$ の解で $\tan(\alpha + \beta) = 1$ ならば $a = \boxed{}$。　　　　　〈工学院大〉

解
解と係数の関係より $\begin{cases} \tan\alpha + \tan\beta = a \\ \tan\alpha\tan\beta = 2a^2 - 1 \end{cases}$

←$ax^2 + bx + c = 0$ の2つの解を●, ▲とすると

$$\tan(\alpha + \beta) = \frac{\tan\alpha + \tan\beta}{1 - \tan\alpha\tan\beta} = \frac{a}{1 - (2a^2 - 1)} = 1$$

●+▲$= -\dfrac{b}{a}$, ●·▲$= \dfrac{c}{a}$

$$2a^2 + a - 2 = 0 \quad \text{よって} \quad a = \frac{-1 \pm \sqrt{17}}{4}$$

アドバイス ••

• 2次方程式の2つの解が $\tan\alpha$, $\tan\beta$ のとき，解と係数の関係と $\tan(\alpha + \beta)$ の加法定理が実に相性がよいので注意しておこう。

これで 解決！

2つの解が $\tan\alpha$, $\tan\beta$ のとき 　⮕　$\tan(\alpha + \beta) = \dfrac{\tan\alpha + \tan\beta}{1 - \tan\alpha\tan\beta}$ がピタリとくる

練習54　2次方程式 $x^2 - 4\sqrt{3}x - 3 = 0$ の2解が $\tan\alpha$, $\tan\beta$ $(0 < \alpha < \pi, 0 < \beta < \pi)$ であるとき，$\tan(\alpha + \beta) = \boxed{}$ となり，したがって $\alpha + \beta = \boxed{}$ である。〈大阪工大〉

55 三角関数の合成

(1) $\sqrt{3}\sin\theta+\cos\theta=r\sin(\theta+\alpha)$ を満たす定数 r, α を求めよ。
ただし，$r>0$，$-\pi<\alpha<\pi$ とする。　　　　〈北見工大〉

(2) $0\leqq\theta\leqq\dfrac{\pi}{2}$ のとき，$y=3\sin\theta+4\cos\theta$ の最大値と最小値を
求めよ。　　　　〈福岡大〉

解　(1)　$\sqrt{3}\sin\theta+\cos\theta$

$=\sqrt{(\sqrt{3})^2+1^2}\sin\left(\theta+\dfrac{\pi}{6}\right)=2\sin\left(\theta+\dfrac{\pi}{6}\right)$

よって，$r=2$，$\alpha=\dfrac{\pi}{6}$

(2)　$y=3\sin\theta+4\cos\theta$

$=\sqrt{3^2+4^2}\sin(\theta+\alpha)=5\sin(\theta+\alpha)$

$\left(\text{ただし，}\cos\alpha=\dfrac{3}{5},\ \sin\alpha=\dfrac{4}{5}\right)$

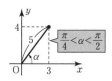

$0\leqq\theta\leqq\dfrac{\pi}{2}$ より　$\alpha\leqq\theta+\alpha\leqq\dfrac{\pi}{2}+\alpha$

最大値は　$\theta+\alpha=\dfrac{\pi}{2}$ のとき　$5\sin\dfrac{\pi}{2}=5$

最小値は　$\theta+\alpha=\dfrac{\pi}{2}+\alpha$ のとき

$5\sin\left(\dfrac{\pi}{2}+\alpha\right)=5\cos\alpha=5\cdot\dfrac{3}{5}=3$

←$\theta+\alpha$ のとりうる範囲
　を押えることが重要。

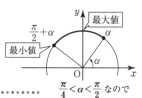

$\dfrac{\pi}{4}<\alpha<\dfrac{\pi}{2}$ なので
$\sin\left(\dfrac{\pi}{2}+\alpha\right)<\sin\alpha$

アドバイス・・

• 三角関数の合成の公式ほど，覚えてないとどうにもならない公式も少ない。この公式は角 α の求め方が point になる。α は下図のように，a を x 座標，b を y 座標にとってできる角だ。

これで 解決！

三角関数の合成（角 α の決め方）

$a\sin\theta+b\cos\theta=\sqrt{a^2+b^2}\sin(\theta+\alpha)$

もし，α が求められない角のときは，

$\left(\cos\alpha=\dfrac{a}{\sqrt{a^2+b^2}},\ \sin\alpha=\dfrac{b}{\sqrt{a^2+b^2}}\right)$ とかいておく

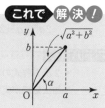

練習55　(1)　関数 $y=-2\sin2\theta+2\cos2\theta+3$ の最大値と最小値を求めよ。ただし，$0\leqq\theta\leqq\dfrac{\pi}{2}$ とする。　　　　〈岩手大〉

(2)　関数 $y=12\sin\theta+5\cos\theta$ $\left(0\leqq\theta\leqq\dfrac{\pi}{2}\right)$ について，y のとりうる値の範囲は
$\boxed{}\leqq y\leqq\boxed{}$ である。　　　　〈昭和薬大〉

56 $\sin^2 x,\ \cos^2 x,\ \sin x \cos x$ がある式

関数 $f(x)=\sin^2 x+4\sin x\cos x-3\cos^2 x$ の最大値と最小値を求めよ。また、そのときの x の値を求めよ。ただし、$0\leqq x<\pi$ とする。

〈中央大〉

解

$$f(x)=\frac{1-\cos 2x}{2}+2\sin 2x-3\cdot\frac{1+\cos 2x}{2}$$

$$=2\sin 2x-2\cos 2x-1$$

$$=\sqrt{2^2+(-2)^2}\,\sin\left(2x-\frac{\pi}{4}\right)-1$$

$$=2\sqrt{2}\,\sin\left(2x-\frac{\pi}{4}\right)-1$$

$0\leqq x<\pi$ より $-\dfrac{\pi}{4}\leqq 2x-\dfrac{\pi}{4}<\dfrac{7}{4}\pi$ だから

$$-1\leqq\sin\left(2x-\frac{\pi}{4}\right)\leqq 1$$

よって、$\sin\left(2x-\dfrac{\pi}{4}\right)=1$ すなわち $2x-\dfrac{\pi}{4}=\dfrac{\pi}{2}$ より

$x=\dfrac{3}{8}\pi$ のとき、最大値 $2\sqrt{2}-1$

$$\sin\left(2x-\frac{\pi}{4}\right)=-1\ \text{すなわち}\ 2x-\frac{\pi}{4}=\frac{3}{2}\pi\ \text{より}$$

$x=\dfrac{7}{8}\pi$ のとき、最小値 $-2\sqrt{2}-1$

$\Leftarrow\sin^2 x=\dfrac{1-\cos 2x}{2}$

$\cos^2 x=\dfrac{1+\cos 2x}{2}$

$\sin x\cos x=\dfrac{1}{2}\sin 2x$

最大

最小

$-\dfrac{\pi}{4}$

$\dfrac{7}{4}\pi$

$2x-\dfrac{\pi}{4}$ のとりうる角の範囲

アドバイス‥‥‥‥‥‥‥‥‥‥‥‥‥‥‥‥‥‥‥‥‥‥‥‥‥‥‥‥‥‥‥‥

- $\sin^2 x,\ \cos^2 x,\ \sin x\cos x$ が1つの式の中にある場合、たいてい半角の公式を用いて $2x$ に統一し、$\sin 2x$ と $\cos 2x$ を合成して処理するものが多い。
- ここで、半角の公式は次のように2倍角の公式から導けることを確認しておくとよい。

$$\sin 2x=2\sin x\cos x\ \cdots\cdots\rightarrow\ \sin x\cos x=\frac{1}{2}\sin 2x$$

$$\cos 2x=\begin{cases}2\cos^2 x-1\ \cdots\cdots\rightarrow\ 2\cos^2 x=1+\cos 2x\ \cdots\cdots\rightarrow\ \cos^2 x=\dfrac{1+\cos 2x}{2}\\[2mm]1-2\sin^2 x\ \cdots\cdots\rightarrow\ 2\sin^2 x=1-\cos 2x\ \cdots\cdots\rightarrow\ \sin^2 x=\dfrac{1-\cos 2x}{2}\end{cases}$$

これで 解決！

$\begin{matrix}\sin^2 x,\ \cos^2 x\\ \sin x\cos x\end{matrix}$ が1つの式にある ➡ 半角の公式で $\sin 2x,\ \cos 2x$ に

練習56 $0\leqq\theta<\pi$ の範囲で、$\cos^2\theta+2\sqrt{3}\,\sin\theta\cos\theta-\sin^2\theta$ の最小値は ☐ であり、そのときの θ の値は ☐ である。

〈立教大〉

57 $\cos 2x$ と $\sin x$, $\cos x$ がある式

(1) $\cos 2x = \sin x$ $(0 \le x < 2\pi)$ を満たす x の値をすべて求めよ。

〈東邦大〉

(2) $0 \le x < 2\pi$ のとき，関数 $y = \cos 2x - 2\cos x + 4$ の最大値と最小値を求めよ。

〈福井工大〉

解

(1) $1 - 2\sin^2 x = \sin x$ より
$2\sin^2 x + \sin x - 1 = 0$
$(2\sin x - 1)(\sin x + 1) = 0$
$\sin x = \dfrac{1}{2}$, -1
$0 \le x < 2\pi$ だから $x = \dfrac{\pi}{6}$, $\dfrac{5}{6}\pi$, $\dfrac{3}{2}\pi$

←$\cos 2x = 1 - 2\sin^2 x$
として，$\sin x$ に統一

(2) $y = 2\cos^2 x - 1 - 2\cos x + 4$
$\cos x = t$ とおくと $0 \le x < 2\pi$ より $-1 \le t \le 1$
$y = 2t^2 - 2t + 3 = 2\left(t - \dfrac{1}{2}\right)^2 + \dfrac{5}{2}$
右のグラフより
$t = -1$, すなわち $\cos x = -1$ より
  $x = \pi$ のとき，最大値 7
$t = \dfrac{1}{2}$, すなわち $\cos x = \dfrac{1}{2}$ より
  $x = \dfrac{\pi}{3}$, $\dfrac{5}{3}\pi$ のとき，最小値 $\dfrac{5}{2}$

←$\cos 2x = 2\cos^2 x - 1$
として，$\cos x$ に統一

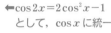
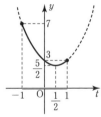

アドバイス ●●

- 1つの式の中に，$\cos 2x$ と $\sin x$ または $\cos x$ が一緒にあるときは，$\cos 2x$ を2倍角の公式で $\sin x$ か $\cos x$ に統一して考えよう。
- $\sin 2x$ があるときは，$\sin 2x = 2\sin x \cos x$ の積の形なので $\sin x$ か $\cos x$ だけに統一できない。この場合は例題 56 のパターンになる。

これで 解決！

$\cos 2x$ と $\sin x$, $\cos x$ が1つの式の中にある $\Longrightarrow$ $\cos 2x = \begin{cases} 2\cos^2 x - 1 & \cdots\cdots\blacktriangleright \cos x \\ 1 - 2\sin^2 x & \cdots\cdots\blacktriangleright \sin x \end{cases}$ に統一

練習57 (1) $0 \le x < 2\pi$ とする。$1 + 3\sin x = -\cos 2x$ を解くと $x = \boxed{}$, $\boxed{}$ である。

〈北九州大〉

(2) 関数 $y = \cos 2\theta - a\sin\theta + 2$ $(0 \le \theta < 2\pi)$ について，最大値 M を a を用いて表せ。ただし，a は定数とする。

〈鹿児島大〉

58 三角不等式

(1) 不等式 $\sqrt{3}\sin x - \cos x < \sqrt{3}$ $(0 \leqq x < \pi)$ を解け。 〈徳島大〉

(2) $\sin 2x > \cos x$ $(0 \leqq x < 2\pi)$ を満たす x を求めよ。 〈津田塾大〉

解

(1) $\sqrt{(\sqrt{3})^2 + (-1)^2}\sin\left(x - \dfrac{\pi}{6}\right) < \sqrt{3}$ より ⬅ $a\sin\theta + b\cos\theta$ $= \sqrt{a^2+b^2}\sin(\theta+\alpha)$ の合成公式

$\sin\left(x - \dfrac{\pi}{6}\right) < \dfrac{\sqrt{3}}{2}$, ここで $0 \leqq x < \pi$ だから

$-\dfrac{\pi}{6} \leqq x - \dfrac{\pi}{6} < \dfrac{5}{6}\pi$, 右図より

$-\dfrac{\pi}{6} \leqq x - \dfrac{\pi}{6} < \dfrac{\pi}{3}$, $\dfrac{2}{3}\pi < x - \dfrac{\pi}{6} < \dfrac{5}{6}\pi$

よって, $0 \leqq x < \dfrac{\pi}{2}$, $\dfrac{5}{6}\pi < x < \pi$

> $x - \dfrac{\pi}{6}$ のとりうる範囲を押えて, その範囲で $\sin\left(x - \dfrac{\pi}{6}\right) < \dfrac{\sqrt{3}}{2}$ を満たす角を求める。

(2) $2\sin x\cos x > \cos x$ ⬅ $\sin 2x = 2\sin x\cos x$

$\cos x(2\sin x - 1) > 0$

$\begin{cases}\sin x > \dfrac{1}{2} \\ \cos x > 0\end{cases}$ または $\begin{cases}\sin x < \dfrac{1}{2} \\ \cos x < 0\end{cases}$

$\dfrac{\pi}{6} < x < \dfrac{\pi}{2}$, $\dfrac{5}{6}\pi < x < \dfrac{3}{2}\pi$

よって, $\dfrac{\pi}{6} < x < \dfrac{\pi}{2}$, $\dfrac{5}{6}\pi < x < \dfrac{3}{2}\pi$

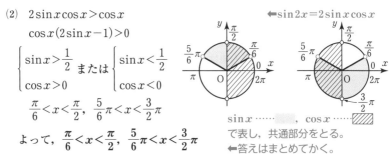

$\sin x$ ……□, $\cos x$ ……▨ で表し, 共通部分をとる。

⬅ 答えはまとめてかく。

アドバイス ••

• (1)の問題では $\sin\left(x - \dfrac{\pi}{6}\right) < \dfrac{\sqrt{3}}{2}$ ……①と変形したら, $x - \dfrac{\pi}{6}$ のとる角の範囲を押えることが大切。それから, その範囲で①を満たす x の範囲を求める。

• その際, 求める角は単位円で考えるのがよい。

(2)の問題で, 連立した共通な角の範囲を求めるにも単位円がわかりやすい。

これで 解決!

単位円で見る
三角関数の値の変化 ➡

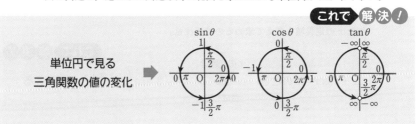

練習58 $0 \leqq x < 2\pi$ のとき, 次の不等式を解け。

(1) $\sqrt{3}\sin x + \cos x + 1 > 0$ 〈山口大〉

(2) $\sin x \geqq \sin 2x$ 〈宮城教育大〉

59 $\sin x + \cos x = t$ の関数で表す

$y = \sin^3 x + \cos^3 x - 3\sin x \cos x (\sin x + \cos x) + 1 \quad (0 \leqq x \leqq \pi)$ について

(1) $\sin x + \cos x = t$ とおき，y を t の関数として表せ。

(2) t の値域を求めよ。

(3) y の最大値と，そのときの x の値を求めよ。　　　　　　〈成蹊大〉

解 (1) $y = (\sin x + \cos x)^3 - 6\sin x \cos x (\sin x + \cos x) + 1$

$\qquad = t^3 - 6 \cdot \dfrac{t^2 - 1}{2} \cdot t + 1 = \boldsymbol{-2t^3 + 3t + 1}$

$\qquad$ ← $\sin x + \cos x = t$ の両辺を2乗して

$\qquad$ ← $\sin x \cos x = \dfrac{t^2 - 1}{2}$

(2) $t = \sqrt{2}\,\sin\!\left(x + \dfrac{\pi}{4}\right)$ で，$\dfrac{\pi}{4} \leqq x + \dfrac{\pi}{4} \leqq \dfrac{5}{4}\pi$ だから

$\qquad$ ← $a\sin\theta + b\cos\theta = \sqrt{a^2 + b^2}\,\sin(\theta + \alpha)$

$\qquad -\dfrac{\sqrt{2}}{2} \leqq \sin\!\left(x + \dfrac{\pi}{4}\right) \leqq 1$ よって，$\boldsymbol{-1 \leqq t \leqq \sqrt{2}}$

(3) $y' = -6t^2 + 3$

$\qquad = -3(\sqrt{2}\,t - 1)(\sqrt{2}\,t + 1)$

右の増減表より，最大値は

$\qquad \boldsymbol{1 + \sqrt{2}}$

また，そのときの x の値は

$\qquad \sqrt{2}\,\sin\!\left(x + \dfrac{\pi}{4}\right) = \dfrac{\sqrt{2}}{2}$ から

$\qquad x + \dfrac{\pi}{4} = \dfrac{5}{6}\pi$ よって，$\boldsymbol{x = \dfrac{7}{12}\pi}$

t	-1	$\cdots$	$-\dfrac{\sqrt{2}}{2}$	$\cdots$	$\dfrac{\sqrt{2}}{2}$	$\cdots$	$\sqrt{2}$
y'		$-$	0	$+$	0	$-$	
y	0	$\searrow$	$1-\sqrt{2}$	$\nearrow$	$1+\sqrt{2}$	$\searrow$	$1-\sqrt{2}$

アドバイス ••

- この種の問題では，与式を t の関数で表すことができれば見た目ほど難しくない。t の単なる関数の問題に変わるから，微分して最大値，最小値を求めるおきまりのパターンになる。

- ただし，大切なのは t の範囲だ。$\sin\theta + \cos\theta = \sqrt{2}\,\sin\!\left(\theta + \dfrac{\pi}{4}\right)$ と合成し，与えられた x の定義域を考えて求めるので要注意。

これで 解 決 !

$\sin x + \cos x = t$ のとき，　　t の範囲は $\Rightarrow$ 合成して　　$t = \sqrt{2}\,\sin\!\left(x + \dfrac{\pi}{4}\right)$ として考える

練習59 関数 $y = (\cos x - \sin x + 1)\sin 2x \quad (0 \leqq x \leqq \pi)$ を考える。次の問いに答えよ。

(1) $t = \cos x - \sin x$ とおくとき，t がとり得る値の範囲を求めよ。

(2) y を t を用いて表せ。

(3) y の最大値・最小値と，そのときの t の値をそれぞれ求めよ。　〈愛知教育大〉

60　$a^{3x} \pm a^{-3x}$ のときの変形

> $a^{2x}=5$ のとき $\dfrac{a^{3x}-a^{-3x}}{a^x-a^{-x}}$ の値を求めよ。　〈茨城大〉

解　（与式）$=\dfrac{(a^x)^3-(a^{-x})^3}{a^x-a^{-x}}=\dfrac{(a^x-a^{-x})(a^{2x}+a^x \cdot a^{-x}+a^{-2x})}{a^x-a^{-x}}$　　$\Leftarrow a^3-b^3$
$=(a-b)(a^2+ab+b^2)$

$\qquad =a^{2x}+1+\dfrac{1}{a^{2x}}=5+1+\dfrac{1}{5}=\dfrac{31}{5}$　　$\Leftarrow a^x \cdot a^{-x}=a^0=1$

アドバイス

- 直接代入しても求められるが，やはり因数分解をして求める方がよい。このとき，$a^{3x}-a^{-3x}=(a^x)^3-(a^{-x})^3$ という見方ができないと困る。

$a+a^{-1}=(a^{\frac{1}{3}})^3+(a^{-\frac{1}{3}})^3=(a^{\frac{1}{3}}+a^{-\frac{1}{3}})(a^{\frac{2}{3}}-1+a^{-\frac{2}{3}})$ の変形もある。

これで 解決！

$$a^{3x} \pm a^{-3x}=(a^x)^3 \pm (a^{-x})^3=(a^x \pm a^{-x})(a^{2x} \mp 1+a^{-2x}) \quad （複号同順）$$

練習60　$2^{2x}=3$ のとき，$\dfrac{2^{3x}+2^{-3x}}{2^x+2^{-x}}$ の値を求めよ。　〈早稲田大〉

61　$2^x \pm 2^{-x}=k$ のとき

> $2^x+2^{-x}=4$ のとき，$2^{2x}+2^{-2x}=\boxed{}$，$2^x=\boxed{}$　〈東海大〉

解　$2^{2x}+2^{-2x}=(2^x+2^{-x})^2-2 \cdot 2^x \cdot 2^{-x}$
$\qquad\qquad\quad =4^2-2=\mathbf{14}$　　$\Leftarrow x^2+y^2=(x+y)^2-2xy$

$2^x=X \ (X>0)$ とおくと　$X+\dfrac{1}{X}=4$　　$\Leftarrow 2^{-x}=\dfrac{1}{2^x}=\dfrac{1}{X}$

$X^2-4X+1=0$　より　$X=2\pm\sqrt{3}$　$(X>0$ を満たす。）

よって，$2^x=2\pm\sqrt{3}$

アドバイス

- 指数の計算でも，$a^{2x}+a^{-2x}=\begin{cases}(a^x+a^{-x})^2-2 \\ (a^x-a^{-x})^2+2\end{cases}$　の変形はよく使われる。
- $a^x \pm a^{-x}=k$ のときの a^x の値は，次のように 2 次方程式をつくって求めよう。

　**これで 解決！**

$a^x \pm a^{-x}=k$ のときの a^x の値は $\Rightarrow$ $a^x=X \ (X>0)$ とおいて
$\qquad\qquad\qquad\qquad\qquad\qquad\qquad\qquad\quad X^2-kX\pm1=0$　を解く

練習61　$2^{2x}+2^{-2x}=7$ のとき，$2^x+2^{-x}=\boxed{}$，$2^x=\boxed{}$ である。　〈武庫川女子大〉

62 累乗，累乗根の大小

$\sqrt[3]{5}$，$\sqrt{3}$，$\sqrt[4]{8}$ を大きい順に並べよ。　〈埼玉医大〉

解　3 数を 12 乗すると

$$(\sqrt[3]{5}\,)^{12}=5^4=625 \qquad (\sqrt{3}\,)^{12}=3^6=729$$
$$(\sqrt[4]{8}\,)^{12}=8^3=512$$

$729>625>512$　より　$\sqrt{3}$，$\sqrt[3]{5}$，$\sqrt[4]{8}$

←累乗根をなくすために
12 乗した。
3，2，4 の最小公倍数

アドバイス・・・

- 底が異なる累乗や累乗根の形で表された数の大小関係は，何乗かして自然数にするのがわかりやすい。

これで 解決 !

$\sqrt[m]{a}$，$\sqrt[n]{b}$，$(a^{\frac{1}{m}}$，$a^{\frac{1}{n}})$　の大小は　➡　mn 乗して累乗根をはずす

練習62　4，$\sqrt[3]{3^4}$，$2^{\sqrt{3}}$，$3^{\sqrt{2}}$ の大小を比べ，小さい順に並べよ。　〈県立広島大〉

63 指数関数の最大・最小

関数 $y=4^x-2^{x+2}$ $(x\leqq2)$ は $x=\boxed{}$ のとき，最大値 $\boxed{}$ をとる。　〈大阪産大〉

解　$2^x=t$ とおくと　$0<t\leqq4$

$$y=4^x-2^{x+2}=(2^x)^2-2^2\cdot2^x$$
$$=t^2-4t=(t-2)^2-4$$

$t=4$ のとき，

すなわち　$2^x=4$ より

$x=2$ のとき，最大値 0

←$2^x>0$ より $0<t\leqq4$

←$4^x=2^{2x}=(2^x)^2$
$2^{x+2}=2^2\cdot2^x=4\cdot2^x$

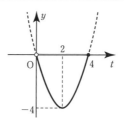

アドバイス・・・

- 指数関数の最大・最小では $a^x=t$ とおいて，$y=f(t)$ の関数で考えることが多い。t のとりうる値の範囲を押えるのは当然であるが，x がすべての実数をとるとき，$t=a^x>0$ であることはウッカリしそうなので注意しよう。

これで 解決 !

指数関数の　➡　$a^x=t$ とおいて，$y=f(t)$ で
最大・最小　　　t のとりうる範囲にも注意する

練習63　関数 $f(x)=2^{2x-1}-2^{x+2}+3$ は，$-2\leqq x\leqq3$ の範囲で，$x=\boxed{}$ のとき，最大値 $\boxed{}$，$x=\boxed{}$ のとき，最小値 $\boxed{}$ をとる。　〈青山学院大〉

64 指数方程式・不等式

(1) 方程式 $3^{2x+1}+2 \cdot 3^x-1=0$ を解け。　　　　　　　　　〈星薬大〉

(2) 不等式 $a^{2x}-a^{x+2}-a^{x-2}+1<0$ $(a \neq 1,\ a>0)$ を解け。

〈東京理科大〉

解

(1) $3^{2x+1}=3 \cdot 3^{2x}=3 \cdot (3^x)^2$ だから

$3^x=t$ $(t>0)$ とおくと

$3t^2+2t-1=0,\ (3t-1)(t+1)=0$

$t>0$ だから，$t=\dfrac{1}{3},\ 3^x=\dfrac{1}{3}=3^{-1}$

よって，$\boldsymbol{x=-1}$

指数法則

$a^m \times a^n = a^{m+n}$

$a^{mn} = (a^m)^n = (a^n)^m$

$a^{-n} = \dfrac{1}{a^n}$

---

(2) $(a^x)^2-a^2 \cdot a^x-a^{-2} \cdot a^x+1<0$

$a^x=t$ $(t>0)$ とおくと

$t^2-(a^2+a^{-2})t+1<0,\ \ (t-a^2)(t-a^{-2})<0$

(ⅰ) $a>1$ のとき，$a^2>a^{-2}$ だから

$a^{-2}<t<a^2$ より $a^{-2}<a^x<a^2$

よって，$-2<x<2$

(ⅱ) $0<a<1$ のとき，$a^2<a^{-2}$ だから

$a^2<t<a^{-2}$ より $a^2<a^x<a^{-2}$

$0<a<1$ だから $-2<x<2$　　　　　　　　←底が1より小さいから

よって，(ⅰ)，(ⅱ)より $\boldsymbol{-2<x<2}$　　　　　　不等号の向きが変わる。

アドバイス

• 指数方程式，不等式を解くには与えられた式を因数分解することになる。その場合，次の変形は知らないと困る。例えば

$$4^x=(2^2)^x=(2^x)^2,\ \ \ \ 2^{x+3}=2^3 \cdot 2^x=8 \cdot 2^x,\ \ \ \ 2^{x-1}=\dfrac{1}{2} \cdot 2^x$$

• それから，不等式では，底が1より大きいか，小さいかにより不等号の向きが変わる。これは重要すぎて忘れたくても忘れられないだろう。

これで 解決！

指数方程式　　　$a^x=a^y \dashrightarrow x=y$

指数不等式　　　$a^x>a^y$ 　　$a>1$ のとき，$x>y$

　　　　　　　　　　　　　　　　$0<a<1$ のとき，$x<y$

練習64 次の方程式，不等式を解け。

(1) $8^x-4^x-2^{x+1}+2=0$　　　　　　　　　　　　　　〈福岡大〉

(2) $9^x+1 \leqq 3^{x+1}+3^{x-1}$　　　　　　　　　　　　　〈慶応大〉

(3) $a^{2x-2}-a^{x+3}-a^{x-4}+a \leqq 0$ $(0<a<1)$　　　　　　〈東京薬大〉

65 $a^x + a^{-x} = t$ とおく関数

関数 $f(x) = 4^x + 4^{-x} - 2^{2+x} - 2^{2-x} + 2$ について，次の問いに答えよ。

(1) $t = 2^x + 2^{-x}$ とおいて，$f(x)$ を t で表せ。

(2) t の値の範囲を求めよ。

(3) 関数 $f(x)$ の最小値とそのときの x の値を求めよ。 〈高知大〉

解

(1) $\quad f(x) = (2^x + 2^{-x})^2 - 2 \cdot 2^x \cdot 2^{-x} - 4 \cdot 2^x - 4 \cdot 2^{-x} + 2 \quad \leftarrow 4^x + 4^{-x}$

$\quad\quad = (2^x + 2^{-x})^2 - 4(2^x + 2^{-x}) \quad\quad\quad = (2^x)^2 + (2^{-x})^2$

$\quad\quad = t^2 - 4t \quad\quad\quad\quad\quad\quad\quad\quad\quad\quad = (2^x + 2^{-x})^2 - 2 \cdot 2^x \cdot 2^{-x}$

(2) $\quad 2^x > 0,\ 2^{-x} > 0$ だから

$\quad$（相加平均）$\geqq$（相乗平均）より

$\quad t = 2^x + 2^{-x} \geqq 2\sqrt{2^x \cdot 2^{-x}} = 2$

$\quad$よって，$t \geqq 2$

(3) $\quad f(x) = t^2 - 4t = (t-2)^2 - 4$

$\quad t \geqq 2$ だから右のグラフより

$\quad t = 2$ のとき，最小値 -4

$\quad$このとき，$2^x + 2^{-x} = 2$

$\quad 2^x = X\ (X > 0)$ とおくと $X^2 + 1 = 2X$

$\quad (X-1)^2 = 0,\ X = 1$

$\quad X = 2^x = 1$ より $x = 0$

$\quad$よって，$x = 0$ のとき最小値 -4

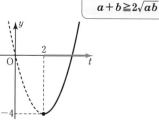

（相加平均）$\geqq$（相乗平均）

$a > 0,\ b > 0$ のとき

$a + b \geqq 2\sqrt{ab}$

$\leftarrow 2^x + 2^{-x} = 2$

$\quad X + \dfrac{1}{X} = 2$

$\quad X^2 + 1 = 2X$

アドバイス ∙∙

▼$a^x + a^{-x} = t$ とおく変形での注意◢

• $a^{2x} + a^{-2x} = (a^x + a^{-x})^2 - 2a^x \cdot a^{-x}$ の変形はよく使う。この変形では
  $a^x \cdot a^{-x} = a^0 = 1$ となるのが point。

• $t = a^x + a^{-x}$ のとりうる値の範囲，すなわち t の定義域を，（相加平均）$\geqq$（相乗平均）
  を使って求める方法は鮮やかである。しかし，一度やっておかないとできない
  からこれは覚えておこう。

これで **解決!**

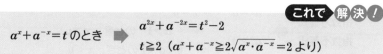

$a^x + a^{-x} = t$ のとき $\Rightarrow$ $a^{2x} + a^{-2x} = t^2 - 2$

$\quad t \geqq 2\ (a^x + a^{-x} \geqq 2\sqrt{a^x \cdot a^{-x}} = 2$ より$)$

■**練習65** 実数 x に対して，$t = 2^x + 2^{-x}$，$y = 4^x - 6 \cdot 2^x - 6 \cdot 2^{-x} + 4^{-x}$ とおく。

(1) x が実数全体を動くとき，t の最小値を求めよ。

(2) y を t の式で表せ。

(3) x が実数全体を動くとき，y の最小値を求めよ。 〈大阪教育大〉

66 対数の計算

(1)　$\log_{10}8+\log_{10}400-5\log_{10}2=$ □　　〈東北薬大〉

(2)　$(\log_3 4)(\log_4 2)(\log_2 3)=$ □　　〈信州大〉

(3)　$(\log_2 3+\log_4 9)(\log_3 4+\log_9 2)=$ □　　〈青山学院大〉

解

(1)　（与式）$=\log_{10}8+\log_{10}400-\log_{10}2^5$　　←$r\log_a M=\log_a M^r$

$=\log_{10}\dfrac{8\cdot 400}{32}=\log_{10}100$　　←$\log_a\bigcirc$　真数を1つにまとめる。

$=\log_{10}10^2=2$

(2)　（与式）$=\dfrac{\log_2 4}{\log_2 3}\cdot\dfrac{\log_2 2}{\log_2 4}\cdot\log_2 3=1$　　←底を2にした計算。

別解　（与式）$=\dfrac{\log_{10}4}{\log_{10}3}\cdot\dfrac{\log_{10}2}{\log_{10}4}\cdot\dfrac{\log_{10}3}{\log_{10}2}=1$　　←底を10にした計算。

(3)　（与式）$=\left(\log_2 3+\dfrac{\log_2 9}{\log_2 4}\right)\left(\dfrac{\log_2 4}{\log_2 3}+\dfrac{\log_2 2}{\log_2 9}\right)$　　←底を2にそろえた。（底は問題中の一番小さな底にそろえるとよい。）

$=\left(\log_2 3+\dfrac{2\log_2 3}{2}\right)\left(\dfrac{2}{\log_2 3}+\dfrac{1}{2\log_2 3}\right)$

$=2\log_2 3\cdot\dfrac{5}{2\log_2 3}=5$

アドバイス ••

・log の計算では次の規則が使われる。

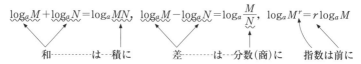

$$\log_a M+\log_a N=\log_a MN,\quad \log_a M-\log_a N=\log_a\frac{M}{N},\quad \log_a M^r=r\log_a M$$

和⋯⋯⋯は⋯積に　　差⋯⋯⋯は⋯分数(商)に　　指数は前に

・また，整数 n は，$n=\log_a a^n$ と表せる。さらに，対数の計算では底が異なっていては前に進めないので，底の変換公式でまず，底をそろえよう。

これで **解決**!

底の異なる log の計算 ➡ 底の変換公式で底をそろえる　$\log_a b=\dfrac{\log_m b}{\log_m a}$

練習66　次の値を求めよ。

(1)　$\log_3\sqrt{5}-\dfrac{1}{2}\log_3 10+\log_3\sqrt{18}$　　〈東北工大〉

(2)　$\log_2 6\cdot\log_3 6-\log_2 3-\log_3 2$　　〈明治大〉

(3)　$(\log_8 27)(\log_9 4+\log_3 16)$　　〈南山大〉

(4)　$(\log_2 125+\log_8 25)(\log_5 4+\log_{25} 2)$　　〈関東学院大〉

67 $\log_2 3 = a$, $\log_3 5 = b$ のとき

> $\log_2 3 = a$, $\log_3 5 = b$ とするとき, $\log_{60} 135$ を a, b で表せ。〈東邦大〉

解 　$\log_{60} 135 = \dfrac{\log_2 135}{\log_2 60} = \dfrac{\log_2 (3^3 \cdot 5)}{\log_2 (2^2 \cdot 3 \cdot 5)} = \dfrac{3\log_2 3 + \log_2 5}{2 + \log_2 3 + \log_2 5}$

ここで，$b = \log_3 5 = \dfrac{\log_2 5}{\log_2 3} = \dfrac{\log_2 5}{a}$ 　より　$\log_2 5 = ab$ 　←底を 2 にそろえる。

よって，$\log_{60} 135 = \dfrac{3a + ab}{2 + a + ab}$

アドバイス ••

• $a = \log_2 3$，$b = \log_3 5$ のとき，$\log_2 5 = ab$ と表せる。この種の問題では底をそろえて a と b の積をつくることを試みるのがよい。

これで 解決!

$\log_m \overset{\frown{同じ値}}{\bullet} = a$, $\log \overset{\frown}{\bullet} M = b$ のとき　➡　底をそろえて，積 ab をつくる

練習67 　$\log_2 3 = a$，$\log_3 5 = b$ とするとき，次の対数を a および b で表せ。
(1) $\log_2 5$　　　(2) $\log_3 10$　　　(3) $\log_6 5$　　　(4) $\log_{10} 36$　　　〈明治大〉

68 $\log_a b$ と $\log_b a$

> $1 < a < b$ とする。$\log_a b = 2\log_b a + 1$ のとき，$\log_a b$ の値を求めよ。
> 〈日本工大〉

解 　$\log_b a = \dfrac{\log_a a}{\log_a b} = \dfrac{1}{\log_a b}$ だから 　←底を a にそろえる。

$\log_a b = \dfrac{2}{\log_a b} + 1$ より $(\log_a b)^2 - \log_a b - 2 = 0$　　←$\log_a b = X$ とおくと

$(\log_a b - 2)(\log_a b + 1) = 0$　　$X = \dfrac{2}{X} + 1$ より

$1 < a < b$ だから $\log_a b > 0$　　よって，$\log_a b = 2$　　$X^2 - X - 2 = 0$ となる。

アドバイス ••

• $\log_a b$ と $\log_b a$ や $\log_2 x$ と $\log_x 2$ などは底を変換してそろえれば逆数の関係にあることがわかる。"異なる底はそろえる"を忘らなければすぐわかる。

これで 解決!

$\log_a b$ と $\log_b a$　➡　$\log_a b = \dfrac{1}{\log_b a}$ （逆数関係にある）

練習68 　$\log_2 a$ と $\log_a 2$ が x の 2 次方程式 $2x^2 - 5x + b = 0$ の 2 つの解であるとき，a と b を求めよ。　　　〈東京女子大〉

69 対数の大小

$a=\log_2 3$, $b=\log_3 2$, $c=\log_4 8$ の大小を調べ，小さいものから順に並べよ。　　　　　　　　　　　　　　　　　　　　〈立教大〉

解　$a=\log_2 3>\log_2 2=1$,　$b=\log_3 2<\log_3 3=1$　　　　←$\log_a a=1$

$c=\dfrac{\log_2 8}{\log_2 4}=\dfrac{3\log_2 2}{2\log_2 2}=\dfrac{3}{2}=\log_2 2^{\frac{3}{2}}=\log_2\sqrt{8}$　　←$n=\log_a a^n$

$\sqrt{8}<3$ より　$\log_2\sqrt{8}<\log_2 3$

よって，$\log_3 2<\log_4 8<\log_2 3$　より　**b, c, a**

アドバイス ••

• 対数の大小を比べる場合，比べる対数の底をそろえるのは当然である。それから，真数の大小を比較する。ただし，真数を単純に比較できないこともある。そんなときは，求めやすい近くの値で比較することを考える。

対数の大小は　➡　同じ底の対数で表し，真数を比較

■ **練習69** $4^{\frac{5}{6}}$，$\log_2 3$，$\log_4 7$，$2^{\frac{4}{3}}$ を小さい順に並べよ。　　　　〈駒澤大〉

70 $a^x=b^y=c^z$ の式の値

$2^x=3^y=6^{\frac{3}{2}}$ が成り立つとき，$\dfrac{1}{x}+\dfrac{1}{y}$ を計算せよ。　　　〈芝浦工大〉

解　6を底とする対数をとると　　　　　　　　　←2, 3, 6のどれを底に

$\log_6 2^x=\log_6 3^y=\log_6 6^{\frac{3}{2}}$ より　$x\log_6 2=y\log_6 3=\dfrac{3}{2}$　　してもよいが，底の中で一番大きな6を底にすると計算が楽。

$x=\dfrac{3}{2\log_6 2}$,　$y=\dfrac{3}{2\log_6 3}$ として与式に代入して

$\dfrac{1}{x}+\dfrac{1}{y}=\dfrac{2\log_6 2}{3}+\dfrac{2\log_6 3}{3}=\dfrac{2\log_6 6}{3}=\dfrac{2}{3}$

アドバイス ••

• 一般に，$a^x=b^y=c^z$ のような条件は対数をとって考える。底は，a, b, c のどれでもできるが，まず，一番大きな値を底にしてみよう。

これで 解決！

指数の条件式　　　➡　対数をとって1つの文字で表す
$a^x=b^y=c^z$　　　　　$\log_c a^x=\log_c b^y=z$　➡　$x=\dfrac{z}{\log_c a}$,　$y=\dfrac{z}{\log_c b}$

■ **練習70** $5^x=7^y=35^4$ のとき，$\dfrac{1}{x}+\dfrac{1}{y}$ の値を求めよ。　　　〈明治大〉

71 対数方程式・不等式

次の方程式，不等式を解け。

(1) $\log_2(x-2)+\log_2(7-x)=2$ 〈京都産大〉

(2) $\log_{\frac{1}{2}}(5-x)<2\log_{\frac{1}{2}}(x-3)$ 〈立教大〉

解 (1) (真数)>0 より　$x-2>0$，$7-x>0$

よって，$2<x<7$ ……①

$\log_2(x-2)(7-x)=\log_2 2^2$　より

$(x-2)(7-x)=4$

$(x-3)(x-6)=0$

ゆえに，$x=3$，6 (①を満たす)

(2) (真数)>0 より　$5-x>0$，$x-3>0$

よって，$3<x<5$ ……①

$\log_{\frac{1}{2}}(5-x)<\log_{\frac{1}{2}}(x-3)^2$　より

(底)$=\dfrac{1}{2}<1$ だから

$5-x>(x-3)^2$，$x^2-5x+4<0$

$(x-1)(x-4)<0$　より

$1<x<4$ ……②

ゆえに，①，②より $3<x<4$

これは誤り
$\log_2(x-2)+\log_2(7-x)=2$
$(x-2)+(7-x)=2$
と log をはずしてはいけない。

真数の比較
左辺，右辺の真数を1つにまとめて比較する。
$\log_a$ ○ $=\log_a$ □
○ = □

⬅底が $\dfrac{1}{2}$ だから log をはずすとき，不等号の向きが変わる。

⬅①，②の共通範囲が解。

アドバイス

◤対数方程式，不等式を解くときの注意◢

- はじめに(真数)>0 の条件を求める。しかも，与えられた式のままで。
- 不等式では，指数のときと同様に底の大，小により不等号の向きが変わる。log の計算に気を取られて忘れないように。
- 底が異なる場合，底の変換をして底を統一するのはいうまでもない。

これで解決！

対数方程式 ➡ $\log_a x=\log_a y$ ⇢ $x=y$

対数不等式 ➡ $\log_a x>\log_a y$ ⇢ $a>1$ のとき，$x>y$
　　　　　　　　　　　　　⇢ $0<a<1$ のとき，$x<y$

練習71 次の方程式，不等式を解け。

(1) $\log_3(x-2)+\log_3(2x-7)=2$ 〈同志社大〉

(2) $\log_2(x-1)+\log_4(x+4)=1$ 〈津田塾大〉

(3) $-1+\log_3(x-1)<2\log_3 2-\log_3(6x-7)$ 〈関東学院大〉

(4) $\log_a(x-1)\geqq\log_{a^2}(x+11)$　$(0<a<1)$ 〈琉球大〉

72 対数関数の最大・最小

(1) 関数 $y=\log_2(x-1)+\log_2(5-x)$ は $x=\boxed{}$ のとき，最大値 $\boxed{}$ をとる。　　　　〈東海大〉

(2) $1\leqq x\leqq 2$ における $y=2\log_2 x+(\log_2 x)^2$ の最大値と最小値を求めよ。　　　　〈群馬大〉

解

(1) (真数)>0 より $x-1>0$，$5-x>0$　　　←(真数)>0 の条件をはじめに押さえる。

よって，$1<x<5$ ……①

(与式)$=\log_2(x-1)(5-x)=\log_2(-x^2+6x-5)$

(真数)$=f(x)=-x^2+6x-5=-(x-3)^2+4$　　　←真数部分だけで考える。

(底)$=2>1$ だから $f(x)$ が最大になるとき，　　　←底が 1 より大きいか小さいかを確認する。

y は最大になる。

①を考えて，$x=3$ のとき，最大値 $\log_2 4=2$

(2) $\log_2 x=t$ とおくと，$1\leqq x\leqq 2$ より　$0\leqq t\leqq 1$

$\quad y=2t+t^2=(t+1)^2-1$

右のグラフより

$\quad t=1\,(x=2)$ のとき，最大値 3

$\quad t=0\,(x=1)$ のとき，最小値 0

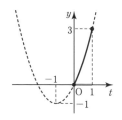

アドバイス

- (1) $y=\log_a f(x)$ の最大，最小は真数 $f(x)$ だけに目をつけて，最大，最小を調べればよい。ただし，$\log_a f(x)$ は底の a の値によって次のようになる。

  $a>1$ のとき増加関数（真数が大きいほど $\log_a f(x)$ の値も大きい。）

  $0<a<1$ のとき減少関数（真数が大きいほど $\log_a f(x)$ の値は小さい。）

- (2) $\log_a x=t$ とおいて，t におきかえた関数 $y=f(t)$ で考える。このとき，t のとりうる範囲をしっかり押えておくのは当然のことだ。

これで 解決!

対数関数の
最大・最小 ➡
$\begin{cases}(真数)>0\text{ はまず押える}\\ y=\log_a f(x)\cdots\cdots\text{真数 }f(x)\text{ の最大・最小で}\\ \log_a x\text{ の関数}\cdots\cdots\log_a x=t\text{ におきかえる}\end{cases}$

練習72 (1) 関数 $y=\log_8(x+1)+\log_8(7-x)$ は $x=\boxed{}$ のとき，最大値 $\boxed{}$ をとる。　　　　〈大同工大〉

(2) $x>0$，$y>0$ で $2x+3y=12$ のとき，$\log_6 x+\log_6 y$ の最大値を求めよ。　　　　〈群馬大〉

(3) 関数 $f(x)=\left(\log_2\dfrac{x}{4}\right)^2-\log_2 x^2+6$ の $2\leqq x\leqq 16$ における最大値と最小値，およびそのときの x の値を求めよ。　　　　〈山口大〉

73 桁数の計算・最高位の数・1の位の数

2^{124} の桁数は □ で，最高位の数は □ ，1の位の数は □ である。ただし，$\log_{10} 2 = 0.3010$，$\log_{10} 3 = 0.4771$ とする。　〈東洋大〉

解

$\log_{10} 2^{124} = 124 \log_{10} 2$　　　　　　　　←2^{124} の常用対数をとる。

$\qquad = 124 \times 0.3010 = 37.324$　　より

$\qquad 10^{37} < 2^{124} < 10^{38}$

よって，2^{124} は **38桁**

次に，$2^{124} = 10^{37.324} = 10^{0.324} \times 10^{37}$，ここで　　←$\log_{10} 2^{124} = 37.324$ より

$\log_{10} 2 = 0.3010$ より $2 = 10^{0.3010}$ 　　　　　　　$2^{124} = 10^{37.324}$

$\log_{10} 3 = 0.4771$ より $10^{0.4771} = 3$　だから

$\qquad 10^{0.3010} < 10^{0.324} < 10^{0.4771}$　　より　$2 < 10^{0.324} < 3$　　←$10^{0.324}$ を自然数

よって，最高位の数は **2** 　　　　　　　　　　　　　$10^{0.3010} = 2$，$10^{0.4771} = 3$ で挟む。

また，1位の数は

$\qquad 2^1,\ 2^2,\ 2^3,\ 2^4,\ 2^5,\ \cdots\cdots$

$\qquad \downarrow\quad \downarrow\quad \downarrow\quad \downarrow\quad \downarrow$

$\qquad 2\quad 4\quad 8\quad 6\quad 2\ ,\ \cdots\cdots$　　　　　　←1の位の数は，2，4，8，6

これより，1の位の数は 2，4，8，6 と，　　　　　　　がくり返してでてくる。

この順でくり返されるから

$\qquad 124 = 4 \times 31$ より 1の位の数は **6**　　　←31回くり返された最後の数

アドバイス ••

- 自然数 N の桁数は，常用対数をとって，N を 10 の累乗で挟む。$10^{n-1} \leqq N < 10^n$ ならば N は n 桁の数だ。わからなければ $10^1 \leqq N < 10^2$ が 2 桁の数だからそこから類推すればよい。

- 最高位の数は，解答のように $10^{30.10} = 10^{0.10} \times 10^{30}$ と表し，$10^{0.10}$ を自然数で挟む。このとき，

  $\qquad \log_{10} 2 = 0.3010 \iff 2 = 10^{0.3010}$，$\log_{10} 3 = 0.4771 \iff 3 = 10^{0.4771}$

  のような自然数の表し方が point になる。

- 一の位の数は，何回か掛けて，一の位の数のサイクルを発見することだ。

これで　解決！

桁数の問題	➡	常用対数をとり，$10^{n-1} \leqq N < 10^n$ ならば N は n 桁の数
最高位の数	➡	$N = \underset{\text{最高位の数}}{\underline{10^{\alpha}}} \times \underset{\text{桁数}}{\underline{10^n}}$ $(0 < \alpha < 1)$ と分解。10^{α} を自然数で挟む
1の位の数	➡	何回か掛けてサイクルを見つける

■**練習73**　$N = 3^{100}$ のとき，N は □ 桁の数で，N の最高位の数は □ ，N の1の位の数は □ である。ただし，$\log_{10} 2 = 0.3010$，$\log_{10} 3 = 0.4771$　〈名城大〉

74　小数第何位に初めて 0 でない数が現れるか

$\left(\dfrac{2}{3}\right)^{100}$ を小数で表したとき，小数第何位に初めて 0 でない数が現れるか。ただし，$\log_{10}2=0.3010$，$\log_{10}3=0.4771$ とする。〈京都教育大〉

解

$$\log_{10}\left(\dfrac{2}{3}\right)^{100}=100(\log_{10}2-\log_{10}3)$$ ←$\left(\dfrac{2}{3}\right)^{100}$ の常用対数をとる。

$$=100(0.3010-0.4771)=-17.61$$

よって，$10^{-18}<\left(\dfrac{2}{3}\right)^{100}<10^{-17}$

ゆえに，小数第 18 位に初めて 0 でない数が現れる。

アドバイス・・・

・分数 N の小数第何位に初めて 0 でない数が現れるかは，N の常用対数をとって $10^{-n}\le N<10^{-n+1}$ の形で表せば，小数第 n 位であることがわかる。迷ったときは $10^{-2}\le N<10^{-1}\Longleftrightarrow 0.01\le N<0.1$（小数第 2 位）から類推すればよい。

| 小数第何位に初めて 0 でない数が現れるかは | ➡ | 常用対数をとり $10^{-n}\le N<10^{-n+1}$ | ➡ | 小数第 n 位 |

■練習74　$\left(\dfrac{1}{18}\right)^{10}$ は小数第 □ 位に初めて 0 でない数が現れる。ただし，$\log_{10}2=0.3010$，$\log_{10}3=0.4771$ とする。〈青山学院大〉

75　条件に log があるとき

$\log_3 x+\log_3 y=2$ のとき，x^2+4y^2 の最小値は □ である。〈芝浦工大〉

解

$$\log_3 x+\log_3 y=\log_3 xy=2 \quad より \quad xy=3^2=9$$ ←まず条件式の log をはずす。

$$x^2+4y^2=x^2+4\left(\dfrac{9}{x}\right)^2$$ ←$y=\dfrac{9}{x}$ を代入

$$=x^2+\dfrac{18^2}{x^2}\ge 2\sqrt{x^2\cdot\dfrac{18^2}{x^2}}=36$$ ←（相加平均）≧（相乗平均）

よって，最小値は 36

アドバイス・・・

・条件式に log を含むようなときは，まず log をはずして条件をわかりやすくして考えよう。数学は "複雑な条件式は simple に" を心掛けていきたい。

| 条件に log がある | ➡ | log をはずして条件を裸に |

■練習75　$2\log_{10}(a-b)=\log_{10}a+\log_{10}b$ のとき，$\dfrac{a}{b}$ の値を求めよ。〈琉球大〉

76 常用対数の応用

当たる確率がつねに $\dfrac{1}{4}$ のくじをくり返し引く。当たりが含まれる確率を 0.99 以上にするには，少なくとも何回くじを引かなければならないか答えよ。必要であれば，$\log_{10}2=0.3010$，$\log_{10}3=0.4771$ を用いてよい。 〈甲南大〉

解

当たる確率が $\dfrac{1}{4}$ だから，はずれる確率は $\dfrac{3}{4}$

少なくとも1回当たる確率は，n 回ともはずれる　　←n 回ともはずれる

事象の余事象であるから　$1-\left(\dfrac{3}{4}\right)^n$　　　確率は $\left(\dfrac{3}{4}\right)^n$

この確率を 0.99 以上にするには

$$1-\left(\dfrac{3}{4}\right)^n \geqq \dfrac{99}{100} \quad \text{より} \quad \left(\dfrac{3}{4}\right)^n \leqq \dfrac{1}{100} \quad \text{となればよい。}$$

┌─ 余事象の確率 ─┐
$P(A)=1-P(\overline{A})$

両辺の常用対数をとると

$$\log_{10}\left(\dfrac{3}{4}\right)^n \leqq \log_{10}\dfrac{1}{100} \quad \text{より} \quad n(\log_{10}3-\log_{10}4) \leqq -2$$

$$n(0.4771-0.6020) \leqq -2$$

└─ 0.4771　　┌─ $2\log_{10}2=2\times0.3010$
　　　　　　　　　　　$=0.6020$

$$n \geqq \dfrac{2}{0.1249}=16.01\cdots\cdots$$

よって，少なくとも **17回**

アドバイス・・・

• 「1回の試行の確率が a である。」，「1回操作するたびに a %減少する。」「1日ごとに a 倍に増える。」など，これらをくり返し n 回行ったときの問題では，答を求める式に a^n が出てくる。

• それから，n の値を求めるのにたいてい常用対数をとって，$\log_{10}2=0.3010$，$\log_{10}3=0.4771$ 等の対数の値を代入して計算することになる。

これで 解決！

同じことを n 回くり返すときの対数計算　⟹　$a^n>b$ $(a^n<b)$ となる n の値は両辺の常用対数をとって

$$\log_{10}a^n>\log_{10}b \cdots\cdots\blacktriangleright n>\dfrac{\log_{10}b}{\log_{10}a}$$

練習76 $\dfrac{1}{10}$ の確率で当たりが出るくじがある。これを n 回引いたとき，少なくとも1回は当たる確率を p とする。p を n で表せ。また，$p>0.99$ となる n の条件を求めよ。ただし，$\log_{10}9=0.954$ とする。 〈龍谷大〉

77 導関数の定義

$f(x)=x^3$ の導関数を定義に従って求めよ。　　〈愛媛大〉

解
$$f'(x)=\lim_{h\to 0}\frac{f(x+h)-f(x)}{h}$$　　←導関数の定義式に代入

$$=\lim_{h\to 0}\frac{(x+h)^3-x^3}{h}$$　　←$(x+h)^3-x^3$
$$=\cancel{x^3}+3x^2h+3xh^2+h^3-\cancel{x^3}$$

$$=\lim_{h\to 0}\frac{h(3x^2+3xh+h^2)}{h}=3x^2$$　　←分母の h は約分される。
$h\to 0$ のとき，$3xh\to 0$，$h^2\to 0$

アドバイス ・・・

• 導関数を定義に従って求める問題は，多くはないがときどき出題される。この定義式は微分の考えの根幹をなすものであるから意味と一緒に覚えておきたい。

導関数の定義　➡　$f'(x)=\lim_{h\to 0}\dfrac{f(x+h)-f(x)}{h}$

■練習77　$f(x)=x^3-x^2$ の導関数を定義に従って求めよ。　　〈倉敷芸科大〉

78 $f'(x)$，$f(x)$ の関係式と $f(x)$ の決定

2 次関数 $f(x)=x^2+ax+b$ が常に $4f(x)-(2x+5)f'(x)=3$ を満たすとき，定数 a，b の値を求めよ。　　〈千葉工大〉

解　$f(x)=x^2+ax+b$，$f'(x)=2x+a$ より 与式に代入すると
$4(x^2+ax+b)-(2x+5)(2x+a)=3$
展開して整理すると　$(2a-10)x-5a+4b-3=0$
すべての x で成り立つから，x の恒等式と考えて
$$2a-10=0\cdots\cdots①，\quad -5a+4b-3=0\cdots\cdots②$$
①，②を解いて，$a=5$，$b=7$

アドバイス ・・・

• $f'(x)$ と $f(x)$ でつくられる式を条件として，いろいろな係数を決定する問題である。概して，$f'(x)$ を求め，条件式に代入すれば恒等式の考えに帰着する。

$f'(x)$ と $f(x)$ の関係式　➡　$f'(x)$ を素直に計算して，x の恒等式に

■練習78　2 次関数 $f(x)$ が $f'(x)\{2f'(x)-x\}=6f(x)+2x+8$ を満たしているとき，$f(x)$ を求めよ。　　〈福岡教育大〉

79 接線：曲線上の点における

(1) 曲線 $y=x^3+x^2-3x+4$ 上の点 $(-1,\ 7)$ における接線の方程式は $y=\boxed{}$ である。　　　　　　　　　　　　〈千葉工大〉

(2) 曲線 $y=x^3+1$ の接線で傾きが3であるものは $y=\boxed{}$，および $y=\boxed{}$ である。　　　　　　　　　　　〈工学院大〉

解

(1) $y=f(x)$ とおくと　$f'(x)=3x^2+2x-3$

$f'(-1)=-2$ だから，$y-7=-2(x+1)$

よって，$y=-2x+5$

> ―接線の方程式―
> 　　傾き
> $y-f(a)=f'(a)(x-a)$
> 　　　└接点の座標┘

(2) $y=f(x)$ とおくと　$f'(x)=3x^2$

傾きが3だから，$f'(x)=3$ となる x の値は

$3x^2=3$　より　$x=\pm1$

$f(1)=2$　より接点が $(1,\ 2)$ のとき

$y-2=3(x-1)$　よって，$y=3x-1$

$f(-1)=0$　より接点が $(-1,\ 0)$ のとき

$y-0=3(x+1)$　よって，$y=3x+3$

←傾きがわかれば，接点もわかる。

←接点の y 座標は x の値を $f(x)$ に代入する。

アドバイス

• 曲線 $y=f(x)$ において，$f'(x)$ は曲線上の点 $(x,\ f(x))$ における接線の傾きを表す。
そして 接点 $(x,\ f(x))$ …… $f'(x)$ …… 傾き は互いに結ばれていて，
接点がわかれば傾きが，傾きがわかれば接点が，$f'(x)$ を用いて求められる。

• また，接点を通り，接線に垂直な直線を 法線 といい，次の式で表される。

$(a,\ f(a))$ における法線の方程式は　　$y-f(a)=-\dfrac{1}{f'(a)}(x-a)$

これで 解決！

$y=f(x)$ 上の点 $(a,\ f(a))$ の接線 　⇒　$\underset{\llcorner接点の座標\lrcorner}{y-f(a)=\overset{傾き}{f'(a)}(x-a)}$

練習79 (1) 関数 $f(x)=-x^3+x^2+x+3$ について，曲線 $y=f(x)$ 上の点 $(2,\ f(2))$ における接線の方程式を求めよ。　　　　　　　　　　　　〈金沢工大〉

(2) 放物線 $y=x^2-4x+7$ を C とする。C の接線で傾きが2である直線を l_1 とし，l_1 と直交する C の接線を l_2 とするとき，l_1 と l_2 の方程式を求めよ。　　〈群馬大〉

(3) 曲線 $C_1：y=x^3$ と曲線 $C_2：y=x^2+ax-12$ とがある点 P で接している。すなわち，点 P における2つの曲線の接線が一致している。このとき，定数 a と点 P における共通な接線 l の方程式を求めよ。　　　　　　　　〈静岡大〉

80 接線：曲線外の点を通る接線と本数

(1) 点 $(0, -12)$ から曲線 $y=x^3+4$ に引いた接線の方程式を求めよ。

〈青山学院大〉

(2) 点 $(2, a)$ を通って，曲線 $y=x^3$ に 3 本の接線が引けるような a の値の範囲を求めよ。　　　　　　　　　　　　　　　　〈大阪教育大〉

解

(1) 接点を (t, t^3+4) とおくと，
　　$y'=3x^2$ だから接線の方程式は
$$y-(t^3+4)=3t^2(x-t)$$
$$y=3t^2x-2t^3+4　　点 (0, -12) を通るから$$
$$-12=-2t^3+4　　より　　(t-2)(t^2+2t+4)=0$$
　　t は実数だから　$t=2$　よって，$y=12x-12$

←接点がわからないから接点を $(t, f(t))$ とおく。

←傾きは y' に $x=t$ を代入して，$y'=3t^2$

(2) 接点を (t, t^3) とおくと
　　$y'=3x^2$ だから接線の方程式は
$$y-t^3=3t^2(x-t)$$
$$y=3t^2x-2t^3　　点 (2, a) を通るから$$
$$a=6t^2-2t^3　　より　　2t^3-6t^2+a=0$$
　　これが異なる 3 個の実数解をもてばよいから
　　　$f(t)=2t^3-6t^2+a$ として，$f'(t)=6t(t-2)$
　　$f(t)$ は $t=0$，2 で極値をもつので
$$f(0) \cdot f(2)=a(a-8)<0　　より$$
　　　　$0<a<8$

←傾きは $y'=3x^2$ に $x=t$ を代入して，$y'=3t^2$

←t の実数解の個数だけ接点があり接線が引ける。

←3 次方程式が異なる 3 つの実数解をもつ条件(89 参照)
(極大値)・(極小値)<0

アドバイス ･･･

• 曲線外の点 (p, q) を通る接線を求める手順
　接点を $(t, f(t))$ とおく ── 接線の方程式を求める ──(p, q) を代入して t の方程式をつくり，t の値を求める。異なる t の値の数だけ接線が引ける。

• 接線が何本引けるかの考え方
　(接線の本数)＝(接点の個数) ── 接点 t についての方程式の実数解の個数を調べる。

これで　解決！

曲線外の点を通る接線 ➡ | 接点 $(t, f(t))$ とおく
| 接線の本数は接点の個数を調べよ

練習80 関数 $y=-x^3+6x^2-9x+4$ のグラフについて，以下の問いに答えよ。

(1) 点 $(0, -4)$ からこのグラフに引いた接線の方程式と接点をすべて求めよ。

(2) 点 $(0, k)$ からこのグラフに 3 本の接線が引けるとき，実数 k の範囲を求めよ。

〈愛知教育大〉

81 $f(x)$ が $x=\alpha$, β で極値をとる

> $f(x)=ax^3+bx^2+cx+d$ が $x=-2$ で極大値 11, $x=1$ で極小値 -16 をとるように a, b, c, d の値を定めよ。　　　〈日本医大〉

解　　$f'(x)=3ax^2+2bx+c$

$x=-2$, 1 で極値をとるから

$\qquad f'(-2)=12a-4b+c=0$ 　　……①

$\qquad f'(1)=3a+2b+c=0$ 　　……②

$x=-2$ で極大値 11 だから

$\qquad f(-2)=-8a+4b-2c+d=11$ ……③

$x=1$ で極小値 -16 だから

$\qquad f(1)=a+b+c+d=-16$ 　　……④

①, ②, ③, ④の連立方程式を解いて

$\qquad \boldsymbol{a=2, \ b=3, \ c=-12, \ d=-9}$

（このとき条件を満たす。）

←極値をとる x の値で $f'(x)=0$ となる。

←①〜④の連立方程式は まず, ③−④ で d を消去して $\quad -3a+b-c=9$ …⑤ ①−②で　$9a-6b=0$ ①+⑤で　$9a-3b=9$ これより　$a=2$, $b=3$

別解　　$x=-2$, 1 で極値をもつから

$f'(x)=3ax^2+2bx+c=3a(x+2)(x-1)$ 　とおける。

$3ax^2+2bx+c=3ax^2+3ax-6a$ 　より

$\quad 2b=3a$ 　……①′, 　$c=-6a$ 　……②′

として①′, ②′, ③, ④の連立方程式を解いてもよい。

←x の恒等式とみて係数比較

アドバイス ･･････････････････････････････････････

- 3次関数 $f(x)$ が $x=\alpha$, β で極値をとれば $f'(\alpha)=0$, $f'(\beta)=0$ である。すなわち $f'(x)=0$ の 2つの実数解が α, β ということで, これは $f'(x)=k(x-\alpha)(x-\beta)$ の形にも表せる。(k は x^2 の係数)

- また, 「$f'(x)$ は $x=\alpha$ で極値 p をとる……」　　この条件の中には $f'(\alpha)=0$ と $f(\alpha)=p$ の 2つの条件を含んでいるから注意する。

これで 解決！

$\qquad f(x)$ が $x=\alpha$, β で極値をとる 　➡　$f'(\alpha)=0$, $f'(\beta)=0$

$\qquad f(x)$ は $x=\alpha$ で極値 p をとる 　➡　$f'(\alpha)=0$ 　かつ　$f(\alpha)=p$

練習81　3次関数 $f(x)$ は $x=1$, $x=3$ で極値をとるという。また, その極大値は 2で, 極小値は -2 であるという。このとき, この条件を満たす関数 $f(x)$ をすべて求めよ。　　　〈埼玉大〉

82 増減表と極大値・極小値

関数 $f(x)=x^3-3ax^2+4a$ $(a>0)$ が極小値 0 をとるとき，a の値を求めよ。　　　　　　　　　　　　　　　　　　　　　〈東洋大〉

解　$f'(x)=3x^2-6ax=3x(x-2a)$

$a>0$ だから，増減表をかくと右のようになる。

極小値は $f(2a)=8a^3-12a^3+4a=-4a^3+4a$

　　$-4a^3+4a=0$ より　$4a(a+1)(a-1)=0$

$a>0$ だから　$\boldsymbol{a=1}$

x	$\cdots$	0	$\cdots$	$2a$	$\cdots$
$f'(x)$	$+$	0	$-$	0	$+$
$f(x)$	↗	極大	↘	極小	↗

アドバイス・・

- 関数 $f(x)$ は $f'(x)=0$ となる x（しかもそこで符号が変わる）で極値をとる。しかし，それが極大値か極小値かは増減表をかいて調べよう。

これで　解決！

関数の極大値・極小値 ➡ $f'(x)=0$ となる x ……増減表をかく

練習82 関数 $f(x)=2x^3-3(a+2)x^2+12a$ について，$f(x)$ が極値をとるとき，極大値を a を用いて表せ。　　　　　　　　　　　　　　　　　　　〈静岡大〉

83 3次関数が極値をもつ条件・もたない条件

3次関数 $f(x)=x^3-3ax^2+3ax$ （a は定数）が極値をもつとき，a の値の範囲を求めよ。　　　　　　　　　　　　　　　　　　　〈北海学園大〉

解　$f'(x)=3x^2-6ax+3a$

$f'(x)=0$ が異なる 2 つの実数解をもてばよいから

　　$D/4=(-3a)^2-3\cdot3a=9a(a-1)>0$

よって，$\boldsymbol{a<0,\ 1<a}$

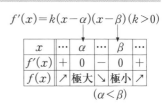

$f'(x)=k(x-\alpha)(x-\beta)\ (k>0)$

x	$\cdots$	α	$\cdots$	β	$\cdots$
$f'(x)$	$+$	0	$-$	0	$+$
$f(x)$	↗	極大	↘	極小	↗

$(\alpha<\beta)$

アドバイス・・・

- 上の表のように，$f'(x)=0$ が異なる 2 つの実数解をもつとき，極値が存在する。重解や異なる 2 つの実数解をもたないときは極値は存在しない。

これで　解決！

3次関数　｜ 極値をもつ　　➡ $f'(x)=0$ が異なる 2 つの実数解をもつ

$f(x)$ が　｜ 極値をもたない　➡ $f'(x)=0$ が異なる 2 つの実数解をもたない

練習83 関数 $f(x)=\dfrac{1}{3}x^3+ax^2+(3a+4)x$ が極値をもたないように定数 a の値の範囲を定めよ。　　　　　　　　　　　　　　　　　　　〈愛知工大〉

84 区間 $\alpha \leq x \leq \beta$ で $f(x)$ が増加する条件

関数 $f(x)=x^3-3ax^2+3x+1$ の値が区間 $0 \leq x \leq 1$ において増加するための a の条件を求めよ。　〈日本福祉大〉

解　$f'(x)=3x^2-6ax+3$

$f(x)$ が区間 $0 \leq x \leq 1$ で増加するためには

$0 \leq x \leq 1$ で $f'(x) \geq 0$ であればよい。

$f'(x)=3(x-a)^2-3a^2+3$ と変形。

> 関数 $f(x)$ の増減
> $f'(x) \geq 0$ で増加
> $f'(x) \leq 0$ で減少

(ⅰ)　$a<0$ のとき

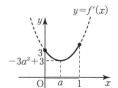

最小値は $f'(0)=3>0$
だから　$a<0$ のとき
つねに $f'(x)>0$ だから
$f(x)$ は増加する。
よって，$a<0$

(ⅱ)　$0 \leq a \leq 1$ のとき

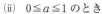

最小値は $f'(a)=-3a^2+3$
$-3a^2+3 \geq 0$　より
$-1 \leq a \leq 1$
$0 \leq a \leq 1$ のときだから
$0 \leq a \leq 1$

(ⅲ)　$1<a$ のとき

最小値は $f'(1)=6-6a$
$6-6a \geq 0$ より $a \leq 1$
$1<a$ のときだから
これを満たす a の
値はない。

ゆえに，(ⅰ), (ⅱ), (ⅲ)より　$a \leq 1$

アドバイス ・・・

- 3次関数 $f(x)$ が x のすべての範囲において，増加または減少する条件は $f(x)$ が極値をもたなければよいから，$f'(x)=0$ の判別式 $D \leq 0$ だけでよかった。
- しかし，区間 $\alpha \leq x \leq \beta$ で $f(x)$ が増加する条件が，この $\alpha \leq x \leq \beta$ の範囲に限って $f'(x) \geq 0$ ならばよい。
- したがって，この問題では，「2次関数 $y=f'(x)$ の定義域 $0 \leq x \leq 1$ における最小値が0以上になる条件を求めよ。」という問題になる。
  題材は微分であるが，内容は2次関数の最小値(数Ⅰ)の問題だ。

区間 $\alpha \leq x \leq \beta$ において
$f(x)$ が増加する条件
➡ $\alpha \leq x \leq \beta$ における
$(f'(x)$ の最小値$) \geq 0$
➡ **これで 解決!** 2次関数の最小値
の問題に帰着する

■**練習84**　関数 $f(x)=x^3-3ax^2+3bx-2$ について，次の問いに答えよ。

(1) 区間 $0 \leq x \leq 1$ において増加するための a, b の条件を求めよ。

(2) (a, b) の存在範囲を図示せよ。　〈徳島文理大〉

85　関数の最大・最小（定義域が決まっているとき）

> 関数 $f(x)=ax^3-3ax^2+b$ $(a>0)$ の区間 $-2\leqq x\leqq 3$ における
> 最大値が 9，最小値が -11 のとき，a，b の値を求めよ。　　〈日本大〉

解

$f'(x)=3ax^2-6ax=3ax(x-2)$

$-2\leqq x\leqq 3$ の範囲で増減表をかくと，$a>0$ より

←$f'(x)$ を求める。

←問題の条件より $a>0$ であることに注意して増減表をかく。

x	-2	$\cdots$	0	$\cdots$	2	$\cdots$	3
$f'(x)$		$+$	0	$-$	0	$+$	
$f(x)$	$-20a+b$	↗	b	↘	$-4a+b$	↗	b

$f(-2)=-8a-12a+b$

　　　$=-20a+b$

$f(0)=b$

$f(2)=8a-12a+b$

　　　$=-4a+b$

$f(3)=27a-27a+b$

　　　$=b$

増減表より

　　最大値は b　だから　　$b=9$

$a>0$ より　$-20a+b<-4a+b$　だから

　　最小値は　$-20a+b$

　　　$-20a+9=-11$　　より　　$a=1$

よって，**$a=1$，$b=9$**

←極大値，極小値，区間の両端の値を求める。

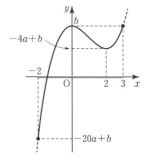

←$f(2)$ と $f(-2)$ のどちらが小さいか調べる。

アドバイス ・・・

▶定義域が与えられた関数の最大・最小の考え方◀

- まず，定義域の範囲で増減表をかく。
- 極値と区間の両端の値が最大値，最小値の候補になる。
- 増減表から最大値や最小値を決定するが，文字を含む場合は大小関係が明らかでない場合がある。そのときは引き算をして，場合分けをする。

これで 解決！

関数の最大・最小　➡　増減表がかけなければ戦えない
　　　　　　　　　　　　極値，区間の両端は最大値，最小値の候補

練習85　関数 $f(x)=ax^3-12ax+b$ $(a>0)$ の $-1\leqq x\leqq 3$ における最大値が 27，最小値が -81 のとき，定数 a，b の値を求めよ。　　〈法政大〉

86 関数の最大・最小（極値が動くとき）

x の関数 $f(x)=x^3-3a^2x$ $(a>0)$ の $0\leqq x\leqq 1$ における最大値と最小値を求めよ。 〈奈良教育大〉

解 $f'(x)=3x^2-3a^2=3(x+a)(x-a)$

←極値（$x=a$）が定義域の内か外かでまず場合分け。

$0\leqq x\leqq 1$ と a の範囲を考えて増減表をかくと

(i) $a\geqq 1$ のとき

x	0	$\cdots$	1
$f'(x)$		$-$	
$f(x)$	0	$\searrow$	$1-3a^2$

最大値 $f(0)=0$
最小値 $f(1)=1-3a^2$

(i) $a\geqq 1$

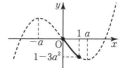

(ii) $0<a<1$ のとき

x	0	$\cdots$	a	$\cdots$	1
$f'(x)$		$-$	0	$+$	
$f(x)$	0	$\searrow$	$-2a^3$	$\nearrow$	$1-3a^2$

(ii) $0<a<1$

(ア)

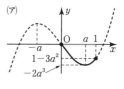

(ア) $1-3a^2<0$ すなわち

$\dfrac{\sqrt{3}}{3}<a<1$ のとき

最大値 $f(0)=0$
最小値 $f(a)=-2a^3$

(イ) $1-3a^2\geqq 0$ すなわち

$0<a\leqq\dfrac{\sqrt{3}}{3}$ のとき

最大値 $f(1)=1-3a^2$
最小値 $f(a)=-2a^3$

(イ)

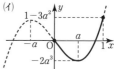

よって，

$$\begin{cases} 0<a\leqq\dfrac{\sqrt{3}}{3} \text{ のとき } \text{ 最大値 } 1-3a^2 \ (x=1), \text{ 最小値 } -2a^3 \ (x=a) \\[2mm] \dfrac{\sqrt{3}}{3}<a<1 \text{ のとき } \text{ 最大値 } 0 \ (x=0), \text{ 最小値 } -2a^3 \ (x=a) \\[2mm] 1\leqq a \text{ のとき } \text{ 最大値 } 0 \ (x=0), \text{ 最小値 } 1-3a^2 \ (x=1) \end{cases}$$

アドバイス ・・・

▼変数 a を含んだ関数の最大・最小の考え方▲

- 極値が定義域の内か外かで場合分けをし，a の場合分けに従って増減表をかく。
- 増減表をみて，最大値，最小値を求め，必要があればさらに a で場合分けをする。
- 結果は場合分けをした小さい方（または，大きい方）から順に整理してかく。

これで → 解決!

関数の最大・最小	⟹	まず，極値が定義域の内か外かで場合分け
（極値が動くとき）		増減表が頼り

 練習86 p を $0<p<1$ を満たす定数とする。関数 $y=x^3-(3p+2)x^2+8px$ の区間 $0\leqq x\leqq 1$ における最大値と最小値を求めよ。 〈佐賀大〉

87 最大・最小の問題

放物線 $y=-x^2+x$ と x 軸とで囲まれた部分に長方形 ABCD を内接させる。ただし，辺 AB が x 軸上にあるものとする。A の座標を $A(t, 0)$，$0<t<\dfrac{1}{2}$ とするとき，次の問いに答えよ。

(1) 長方形 ABCD の面積 S を t で表せ。

(2) S が最大となるときの辺 AB の長さを求めよ。　　〈防衛大〉

解 (1) $A(t, 0)$ とすると

$B(1-t, 0)$，$D(t, -t^2+t)$ だから

$AB=1-2t$，$AD=-t^2+t$

$S=AB \cdot AD$

$=(1-2t)(-t^2+t)$

よって，$S=2t^3-3t^2+t$

←D の y 座標は $x=t$ を代入して求められる。

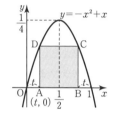

(2) $S'=6t^2-6t+1$

$S'=0$ より $t=\dfrac{3\pm\sqrt{3}}{6}$

右の増減表より $\left(0<t<\dfrac{1}{2}\right)$

$t=\dfrac{3-\sqrt{3}}{6}$ のとき，

S は最大になる。

t	0	$\cdots$	$\dfrac{3-\sqrt{3}}{6}$	$\cdots$	$\dfrac{1}{2}$
S'		$+$	0	$-$	
S		↗	極大	↘	

←t の定義域が $0<t<\dfrac{1}{2}$ であることを確認。

このとき，$AB=1-2 \cdot \dfrac{3-\sqrt{3}}{6}=\dfrac{\sqrt{3}}{3}$

アドバイス ・・・

▶最大・最小の応用問題では，次のような要点があげられる◀

- 何を求めるために，何を変数にすればよいか題意をよくつかむ。変域に注意！
- 問題が $y=f(x)$ の関数ならば曲線上の点を $(x, f(x))$ として考える。
- 図形の問題なら，高さや辺を変数 x に定める。
- 変数 x を定めたら，x の変域に注意する。

これで 解決！

最大・最小 の応用問題 ➡ { 何を求めるのか？ / 何を変数にすればよいのか？ } 変数を決めたら 変域に注意

練習87 放物線 $y=9-x^2$ と x 軸との交点を $A(3, 0)$，$B(-3, 0)$ とし，点 P は放物線上の AB 間を動くものとする。P から x 軸に垂線 PQ を下ろすとき，△PAQ の面積の最大値を求めよ。　　〈東北学院大〉

88 $f(x)=a$ の解の個数と解の正負

方程式 $x^3-12x+a=0$ が異なる2個の正の解と1個の負の解を
もつような定数 a の値の範囲を求めよ。　　　　　〈東京電機大〉

解　方程式を $-x^3+12x=a$ として，

$y=-x^3+12x$ ……① と

$y=a$ ……②

のグラフで考える。

$y'=-3x^2+12$

$\quad =-3(x+2)(x-2)$

←$f(x)=a$ の形に変形する。
変数 定数

←$y=f(x)$ と $y=a$ のグラフ
の交点で考える。

x	$\cdots$	-2	$\cdots$	2	$\cdots$
y'	$-$	0	$+$	0	$-$
y	$\searrow$	-16	$\nearrow$	16	$\searrow$

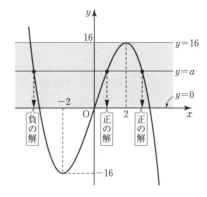

グラフより $y=a$ のグラフが右の
灰色部分にあるとき，正の解を2個，
負の解を1個もつ。

よって，**$0<a<16$**

アドバイス ・・・

・方程式が $f(x)-a=0$ と定数項だけに文字を含む場合は $f(x)=a$ と変形して
$y=f(x)$ と $y=a$ のグラフの共有点で考えるのがわかりやすい。

・解の個数だけでなく，グラフとグラフの交点から，x 軸に垂線を下ろすことによっ
て解の正，負も明らかになる。

・なお，$x^3-3ax+2=0$ のように $f(x)=a$ と変形できない場合は，例題90のよう
に，$y=x^3-3ax+2$ のグラフで考える。

いずれにしても，解の個数や解の正負は，グラフをかいて視覚的にとらえるのが明
快だ！

これで **解決！**

$f(x)=a$ の実数解の個数	➡	$y=f(x)$ と $y=a$ のグラフの共有点の個数 解の正，負は x 軸上に現れる

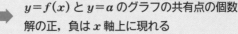

練習88 実数 p に対して3次方程式 $4x^3-12x^2+9x-p=0$ ……①を考える。

(1) 関数 $f(x)=4x^3-12x^2+9x$ の極値を求めて，$y=f(x)$ のグラフをかけ。

(2) 方程式①の実数解の中で $0\leqq x\leqq 1$ の範囲にあるものがただ1つであるための
p の条件を求めよ。　　　　　　　　　　　　　　　〈北海道大〉

89　$f(x)=0$ の解の個数（極値を考えて）

方程式 $x^3-3px+q=0$ （ただし，p，q は実数）が，異なる 3 個の
実数解をもつための条件を求めよ。　　　　　　　　　　〈慶応大〉

解　　　$f(x)=x^3-3px+q$ とおくと，$f'(x)=3x^2-3p$

（i）　$p>0$ のとき

$$f'(x)=3(x+\sqrt{p})(x-\sqrt{p})$$

$x=-\sqrt{p}$，$\sqrt{p}$ で極値をもつから

$f(-\sqrt{p})\cdot f(\sqrt{p})<0$ ならばよい。

$$(2p\sqrt{p}+q)(-2p\sqrt{p}+q)<0$$

よって，$q^2-4p^3<0$　（$p>0$ を満たす。）

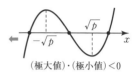

（極大値）・（極小値）<0

（ii）　$p\leqq0$ のとき

$f'(x)\geqq0$ で $f(x)$ は単調増加である

から x 軸との共有点は 1 個。

よって，(i)，(ii)より　$q^2-4p^3<0$

アドバイス

- 3 次関数 $y=f(x)$ のグラフと x 軸の共有点は，極値との関係で次のように分類で
  きる。（x^3 の係数は正）

　・3 点で交わる　　　　・交点と接点が 1 つ　　　　・1 点で交わる

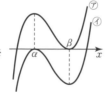

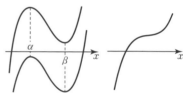

（極大値）・（極小値）<0
α，β どちらが極大，
極小であっても関係
ない。

 $\begin{cases} （極大値）>0 \\ （極小値）=0 \end{cases}$

 $\begin{cases} （極大値）=0 \\ （極小値）<0 \end{cases}$

（極大値）・（極小値）>0

極値がない。
（単調増加）

これで　解決！

3 次関数 $y=f(x)$ のグラフと x 軸との共有点

➡　極値の正，負で　　　➡　（極大値）・（極小値）<0 なら
　　グラフが決まる　　　　　　異なる共有点は 3 個

練習89　3 次方程式 $x^3-6ax^2+9a^2x-4a=0$ が相異なる 3 つの実数解をもつような
　　a の値の範囲を求めよ。　　　　　　　　　　　　　　〈奈良県立医大〉

90 微分の不等式への応用

不等式 $x^3+16 \geqq 3a^2x$ （$a>0$ の定数）が $x \geqq 0$ のすべての実数 x に対して成り立つような a の値の範囲は □ である。　〈愛知工大〉

 解　$f(x)=x^3-3a^2x+16$　とおく。

$$f'(x)=3x^2-3a^2=3(x+a)(x-a)$$

$a>0$, $x \geqq 0$ より増減表をかくと

x	0	$\cdots$	a	$\cdots$
$f'(x)$		$-$	0	$+$
$f(x)$	16	↘	極小	↗

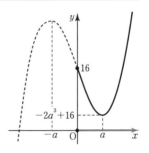

増減表より，$f(x)$ は $x=a$ のとき

最小値 $f(a)=a^3-3a^3+16$

$\qquad\qquad =-2a^3+16$　より

$-2a^3+16 \geqq 0$ ならばよい。

$\qquad a^3-8 \leqq 0$

$\qquad (a-2)(a^2+2a+4) \leqq 0$

$\qquad (a-2)\{(a+1)^2+3\} \leqq 0$

よって，$0<a \leqq 2$

←(最小値)$\geqq 0$ をしっかり示す。

←a^2+2a+4 は
$(a+1)^2+3>0$
の形に変形しておく。

アドバイス •

▶微分を使っての不等式の考え方◀

• $g(x) \geqq h(x)$ の証明は大きい方から小さい方を引き
$\qquad f(x)=g(x)-h(x)$
とおく。

• $f'(x)$ を求め増減表をかき，増減表から最小値（問題によっては最大値）を求める。

• 問題の意味を考え，(最小値)$\geqq 0$ や (最大値)$\leqq 0$ の範囲を求める。

• x の区間 $a \leqq x \leqq b$ があるときは，区間内で証明すべきことがいえればよいので，増減表をかくときに注意する。

これで 解決!

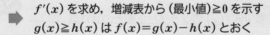

不等式 $f(x) \geqq 0$ の証明

➡ $f'(x)$ を求め，増減表から (最小値)$\geqq 0$ を示す

$g(x) \geqq h(x)$ は $f(x)=g(x)-h(x)$ とおく

■**練習90**　$x \geqq 0$ のとき，$x^3+32 \geqq px^2$ が成り立つような定数 p の最大値は □ である。
〈慶応大〉

91 覚えておきたい定積分

次の等式が成り立つことを示せ。

$$\int_{\alpha}^{\beta}(x-\alpha)(x-\beta)\,dx=-\frac{1}{6}(\beta-\alpha)^3$$

〈琉球大〉

解

$$\int_{\alpha}^{\beta}(x-\alpha)(x-\beta)\,dx=\int_{\alpha}^{\beta}\{x^2-(\alpha+\beta)x+\alpha\beta\}\,dx$$

$$=\left[\frac{1}{3}x^3-\frac{1}{2}(\alpha+\beta)x^2+\alpha\beta x\right]_{\alpha}^{\beta}$$

$$=\frac{1}{3}(\beta^3-\alpha^3)-\frac{1}{2}(\alpha+\beta)(\beta^2-\alpha^2)+\alpha\beta(\beta-\alpha)$$

$$=\frac{1}{3}(\beta-\alpha)(\beta^2+\alpha\beta+\alpha^2)-\frac{1}{2}(\alpha+\beta)(\beta-\alpha)(\beta+\alpha)+\alpha\beta(\beta-\alpha)$$

$$=\frac{1}{6}(\beta-\alpha)\{2(\beta^2+\alpha\beta+\alpha^2)-3(\alpha+\beta)^2+6\alpha\beta\}$$ ←$(\beta-\alpha)$ が共通因数で

$$=\frac{1}{6}(\beta-\alpha)(-\beta^2+2\alpha\beta-\alpha^2)$$ $\frac{1}{3}$ と $\frac{1}{2}$ が係数にあるので

$$=-\frac{1}{6}(\beta-\alpha)(\beta^2-2\alpha\beta+\alpha^2)$$ $\frac{1}{6}(\beta-\alpha)$ でくくった。

$$=-\frac{1}{6}(\beta-\alpha)^3$$

アドバイス ···

• この定積分は，例題 98 の放物線と直線で囲まれた部分の面積を求める公式として

活躍する。ただし，面積を求める場合は $-\int_{\alpha}^{\beta}(x-\alpha)(x-\beta)\,dx=\frac{1}{6}(\beta-\alpha)^3$ $(\alpha<\beta)$

の形で使う。例えば，

$$-\int_{1}^{3}(x^2-4x+3)\,dx=\boxed{-\int_{1}^{3}(x-1)(x-3)\,dx}=\frac{1}{6}(3-1)^3=\frac{4}{3}$$

• ただし，上の定積分の計算で，この式 はかいておかないと公式として認められな

いことが多いので注意して使おう。

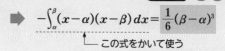

面積を求めるのによく使う
定積分の公式 ➡ $-\int_{\alpha}^{\beta}(x-\alpha)(x-\beta)\,dx=\dfrac{1}{6}(\beta-\alpha)^3$

└── この式をかいて使う

練習91 次の定積分を求めよ。

(1) $\displaystyle\int_{-1}^{3}(x^2-2x-3)\,dx$ 〈久留米商大〉 (2) $\displaystyle\int_{1-\sqrt{5}}^{1+\sqrt{5}}(x^2-2x-4)\,dx$ 〈埼玉工大〉

(3) $\displaystyle\int_{-1}^{\frac{1}{2}}(-2x^2-x+1)\,dx$

92 定積分と最大・最小

座標平面上で，直線 $y=ax-b$ が点 $(1, 1)$ を通っている。ただし，a，b は実数である。このとき，$\displaystyle\int_0^1 (ax-b)^2\,dx$ が最小になるような a，b を求めると，$a=\boxed{}$，$b=\boxed{}$ であり，最小値は $\boxed{}$ である。　　　　　　　　　　　　　　　　　　〈神戸学院大〉

解　直線 $y=ax-b$ が点 $(1, 1)$ を通るから，
$$1=a-b \quad \text{より} \quad b=a-1$$

←まず，通る点を代入して a，b の関係式を求める。

これを与式に代入して
$$\int_0^1 (ax-a+1)^2\,dx$$
$$=\int_0^1 \{a^2x^2-2a(a-1)x+(a-1)^2\}\,dx$$
$$=\left[\frac{1}{3}a^2x^3-a(a-1)x^2+(a-1)^2x\right]_0^1$$
$$=\frac{1}{3}a^2-a(a-1)+(a-1)^2$$
$$=\frac{1}{3}a^2-a+1=\frac{1}{3}\left(a-\frac{3}{2}\right)^2+\frac{1}{4}$$

←$\displaystyle\int_0^1 (ax-b)^2\,dx$ のまま計算してもよいが，$b=a-1$ を代入して a だけにしておく方が式が見やすい。

←a についての2次関数と考えて，平方完成する。

よって，$a=\dfrac{3}{2}$，$b=\dfrac{1}{2}$，最小値 $\dfrac{1}{4}$

アドバイス ••

- この種の問題では定積分記号はついているが，本質的には「数と式」や「2次関数」，「方程式・不等式」など数Ⅰの問題になるものが多い。むしろ，そちらの方の考え方が要求される。
- 定積分の記号は恐れることはなく，ただのカモフラージュと考えよう。定積分の計算を間違わずに行い条件式を出すことが第一歩である。

これで 解決!

定積分と定数の決定 ➡ 恐れるな！　定積分記号はカムフラージュ
定積分を計算して条件式を出せ

練習92 実数 a に対して $f(x)=ax^2-2ax+a^2+1$ とおく。

(1) 定積分 $I(a)=\displaystyle\int_1^2 f(x)\,dx$ を a を用いて表せ。

(2) $f(x)$ が条件 $f(1)\leqq 1$ を満たすような a の値の範囲を求めよ。

(3) (2)のとき，$I(a)$ の最大値および最小値を求めよ。　　　　　〈千葉大〉

93 絶対値を含む関数の定積分

次の定積分を求めよ。

(1) $\int_0^2 (|x-1|-x)\,dx$ 〈北陸大〉 (2) $\int_0^3 |x(x-2)|\,dx$ 〈鳥取大〉

解 (1) $|x-1| = \begin{cases} x-1 & (x \geqq 1) \\ -x+1 & (x \leqq 1) \end{cases}$ だから

$$（与式）= \int_0^1 (-x+1-x)\,dx + \int_1^2 (x-1-x)\,dx$$

$$= \Bigl[-x^2+x \Bigr]_0^1 - \Bigl[x \Bigr]_1^2 = -1$$

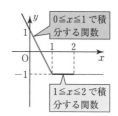

0≦x≦1で積分する関数

1≦x≦2で積分する関数

(2) $|x(x-2)| = \begin{cases} x(x-2) & (x \leqq 0,\ 2 \leqq x) \\ -x(x-2) & (0 \leqq x \leqq 2) \end{cases}$ だから

$$（与式）= \int_0^2 (-x^2+2x)\,dx + \int_2^3 (x^2-2x)\,dx$$

$$= \Bigl[-\frac{1}{3}x^3+x^2 \Bigr]_0^2 + \Bigl[\frac{1}{3}x^3-x^2 \Bigr]_2^3$$

$$= \left(-\frac{8}{3}+4 \right) + \left\{ (9-9) - \left(\frac{8}{3}-4 \right) \right\}$$

$$= \frac{8}{3}$$

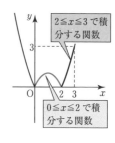

2≦x≦3 で積分する関数

0≦x≦2 で積分する関数

アドバイス ••

- 絶対値を含む関数の定積分では，積分区間で被積分関数が変わることが多い。どこからどこまでがどの関数であるかをしっかり見極めることがすべてといっていい。
- それには場合分けをして絶対値をはずし，積分区間と被積分関数との対応を調べなければならない。フリーハンドでいいから被積分関数のグラフの概形をかければOK だ。

これで 解決!

$\int_a^b |$絶対値を含む$|\,dx$ ➡ ・絶対値をはずせば関数が変わる
・積分区間と積分する関数を一致させる
・積分する関数のグラフをかくと一目瞭然

練習93 次の定積分を求めよ。

(1) $\int_{-2}^2 |x-1|(3x+1)\,dx$ 〈東京電機大〉 (2) $\int_0^4 |x^2-4|\,dx$ 〈明治大〉

(3) $\int_0^2 |x^3-3x|\,dx$ 〈中部大〉

94 絶対値と文字を含む関数の定積分

積分 $I=\displaystyle\int_{-1}^{1}|x-a|\,dx$ の値は $a\geqq\boxed{}$ のとき $I=\boxed{}$,

$\boxed{}\leqq a\leqq\boxed{}$ のとき $I=\boxed{}$, $a\leqq\boxed{}$ のとき $I=\boxed{}$ である。

〈関西学院大〉

解 a の値によってグラフが動くから，積分区間 $-1\leqq x\leqq 1$ に対して次の3通りの場合分けが考えられる。

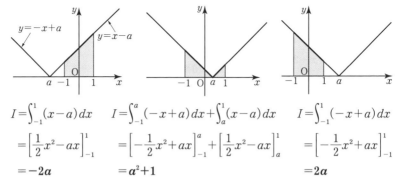

$a\leqq -1$ のとき

$-1\leqq a\leqq 1$ のとき

$1\leqq a$ のとき

$$I=\int_{-1}^{1}(x-a)\,dx$$

$$=\left[\frac{1}{2}x^2-ax\right]_{-1}^{1}$$

$$=-2a$$

$$I=\int_{-1}^{a}(-x+a)\,dx+\int_{a}^{1}(x-a)\,dx$$

$$=\left[-\frac{1}{2}x^2+ax\right]_{-1}^{a}+\left[\frac{1}{2}x^2-ax\right]_{a}^{1}$$

$$=a^2+1$$

$$I=\int_{-1}^{1}(-x+a)\,dx$$

$$=\left[-\frac{1}{2}x^2+ax\right]_{-1}^{1}$$

$$=2a$$

アドバイス

▶場合分けが必要な定積分◀

- 上の3通りの場合分けをみてもわかるように，積分区間を定義域とみれば，その区間でどの関数を積分するかを考えることに集約される。
- x 軸上に積分区間をかきグラフを左から動かしていけば積分区間と被積分関数との関係が明らかになる。グラフの動きがわからないときは，a に具体的な値（例えば $a=0,\ 1,\ 2$）を代入して調べるのがよい。

これで 解決！

| 文字を含む関数の 定積分（グラフが動く） | ⇒ | ・積分区間を定義域と考える ・被積分関数のグラフを動かす ・積分区間とグラフとの関係をつかむ |

練習94 x の関数 $f(x)$ を $f(x)=\displaystyle\int_{1}^{2}|t-x|\,dt$ とするとき，次の問いに答えよ。

(1) $f(x)$ を求めよ。

(2) $y=f(x)$ のグラフをかき，$f(x)$ の最小値を求めよ。 〈名城大〉

95 積分区間が動く定積分

$f(t)=\displaystyle\int_{t}^{t+1}|x(x-2)|\,dx$ とする。ただし，$0\leqq t\leqq 2$ であるとき

$$f(t)=\begin{cases} -\boxed{}\,t^2+\boxed{}\,t+\boxed{} & (0\leqq t\leqq 1) \\ \boxed{}\,t^3-\boxed{}\,t^2-\boxed{}+\boxed{} & (1\leqq t\leqq 2) \end{cases}$$

〈慶応大〉

解 t の値によって，積分区間が変わるので，次の2つの場合で考える。

$0\leqq t\leqq 1$ のとき $\qquad\qquad\qquad$ $1\leqq t\leqq 2$ のとき

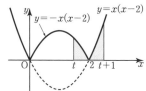

$f(t)=\displaystyle\int_{t}^{t+1}(-x^2+2x)\,dx$ $\qquad$ $f(t)=\displaystyle\int_{t}^{2}(-x^2+2x)\,dx+\int_{2}^{t+1}(x^2-2x)\,dx$

$\quad=\left[-\dfrac{1}{3}x^3+x^2\right]_{t}^{t+1}$ $\qquad\qquad$ $=\left[-\dfrac{1}{3}x^3+x^2\right]_{t}^{2}+\left[\dfrac{1}{3}x^3-x^2\right]_{2}^{t+1}$

$\quad=\left\{-\dfrac{1}{3}(t+1)^3+(t+1)^2\right\}$ $\qquad$ $=\left\{\dfrac{4}{3}-\left(-\dfrac{1}{3}t^3+t^2\right)\right\}$

$\qquad -\left(-\dfrac{1}{3}t^3+t^2\right)$ $\qquad\qquad\qquad$ $+\left\{\dfrac{1}{3}(t+1)^3-(t+1)^2-\left(-\dfrac{4}{3}\right)\right\}$

$\quad=-t^2+t+\dfrac{2}{3}$ $\qquad\qquad\qquad$ $=\dfrac{2}{3}t^3-t^2-t+2$

よって，$f(t)=\begin{cases} -t^2+t+\dfrac{2}{3} & (0\leqq t\leqq 1) \\ \dfrac{2}{3}t^3-t^2-t+2 & (1\leqq t\leqq 2) \end{cases}$

アドバイス

- 積分区間が t から $t+1$ まで動くということは，関数の定義域を $t\leqq x\leqq t+1$ と考えてよい。積分する関数のグラフをかき，積分区間を x 軸上で動かしていけば，どの関数を積分するのか見えてくるはずだ。
- なお区間の幅（$t\leqq x\leqq t+1$ の幅は 1）にも注意すること。

これで 解決！

積分区間が
動く定積分
→
- まず積分する関数のグラフをかく
- 積分区間を（区間の幅に注意して）動かす
- 積分区間とグラフとの関係をつかむ

練習95 $t\geqq -1$ のとき，$f(t)=\displaystyle\int_{t}^{t+1}|x^2-1|\,dx$ とおく。このとき，$f(t)$ を求めよ。

〈関西学院大〉

96 $\displaystyle\int_a^b f(t)\,dt = A$ （定数）とおく

$f(x)=1-\displaystyle\int_0^1 (2x-t)f(t)\,dt$ のとき，関数 $f(x)$ を求めよ。　〈小樽商大〉

解　$f(x)=1-2x\displaystyle\int_0^1 f(t)\,dt+\int_0^1 tf(t)\,dt$　　←$\displaystyle\int_0^1(2x-t)f(t)\,dt$ は t の関数の

定積分だから，x は係数扱いになる。

ここで

$\displaystyle\int_0^1 f(t)\,dt=A, \quad \int_0^1 tf(t)\,dt=B$　　←定積分は必ずある値になるから，

それを定数 A，B でおく。

とおくと

$\qquad f(x)=1-2Ax+B \cdots\cdots①$　　と表せる。

$A=\displaystyle\int_0^1 (1-2At+B)\,dt \qquad B=\int_0^1 t(1-2At+B)\,dt$　　←$f(t)=1-2At+B$

として代入した。

$\quad =\Big[(1+B)t-At^2\Big]_0^1 \qquad\quad =\Big[\dfrac{1}{2}(1+B)t^2-\dfrac{2}{3}At^3\Big]_0^1$

$\quad =1+B-A \qquad\qquad\qquad =\dfrac{1}{2}(1+B)-\dfrac{2}{3}A$

よって，$2A-B=1 \cdots\cdots②$　　よって，$4A+3B=3 \cdots\cdots③$

②，③を解いて　$A=\dfrac{3}{5}$，$B=\dfrac{1}{5}$

①に代入して　$f(x)=-\dfrac{6}{5}x+\dfrac{6}{5}$

アドバイス

- $\displaystyle\int_a^b f(t)\,dt$ を含む $f(x)$ の等式では，$\displaystyle\int_a^b f(t)\,dt$ が定積分なので，ある値になるから，それを A や k の定数とおいて考える。

- 例題のように被積分関数が $f(t)$ と $tf(t)$ で異なる場合は，A，B 別々の定数で表さなくてはならない。

- この例題で注意したいのは $\displaystyle\int_0^1 (2x-t)f(t)\,dt=k$ とおくと $\displaystyle\int_0^1 (2x-t)f(t)\,dt$ を計算したときに x が残るので，定数 k とはおけないことである。

これで 解決！

$f(x)=g(x)+\displaystyle\int_a^b f(t)\,dt \implies \displaystyle\int_a^b f(t)\,dt=A$ （定数）とおく

練習96 次の等式を満たす関数 $f(x)$ を求めよ。

(1) $f(x)=x^2-4x-\displaystyle\int_0^1 f(t)\,dt$　　　　　　　　　　〈立教大〉

(2) 等式 $f(x)=1+2\displaystyle\int_0^1 (xt+1)f(t)\,dt$ を満たす関数 $f(x)$ を求めよ。　〈島根大〉

97　$\dfrac{d}{dx}\displaystyle\int_a^x f(t)\,dt=f(x)$ と $\displaystyle\int_a^a f(x)\,dx=0$

$\displaystyle\int_a^x f(t)\,dt=2x^3-9x^2+10x-3$ を満たしているとき，次の問いに

答えよ。

(1)　$f(x)$ を求めよ。　　　　　　(2)　a の値を求めよ。　〈岡山理科大〉

解　(1)　与式の両辺を x で微分すると

$$\dfrac{d}{dx}\int_a^x f(t)\,dt=(2x^3-9x^2+10x-3)'$$

　←　$\dfrac{d}{dx}\displaystyle\int_a^x f(t)\,dt=f(x)$ を利用。

よって，$f(x)=6x^2-18x+10$

(2)　与式に $x=a$ を代入すると

$$\int_a^a f(t)\,dt=2a^3-9a^2+10a-3=0$$
$$=(a-1)(2a^2-7a+3)=0$$
$$=(a-1)(2a-1)(a-3)=0$$

よって，$a=\dfrac{1}{2},\ 1,\ 3$

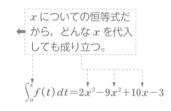

x についての恒等式だから，どんな x を代入しても成り立つ。

$\displaystyle\int_a^x f(t)\,dt=2x^3-9x^2+10x-3$

アドバイス

・微分と積分の考え方は，次のようなプロセスをたどって公式が出てくる。途中理解しづらいかもしれないが，結果は使えるように。

$$\dfrac{d}{dx}(\boxed{})\ \text{は}$$ ……この部分を微分せよという意味。だから $\displaystyle\int f(x)\,dx=F(x)$ とすると

これを微分して

$$\dfrac{d}{dx}\left(\int_a^x f(t)\,dt\right)=\dfrac{d}{dx}\left(\Big[F(t)\Big]_a^x\right)=\dfrac{d}{dx}\Big(F(x)-F(a)\Big)=F'(x)=f(x)$$

t の関数を t で積分　｜　$f(t)$ を積分した関数　｜　t が x にかわり x の関数に　｜　a が代入され定数に

・また，$\displaystyle\int_a^a f(x)\,dx$ は積分区間の幅が 0 だから $\displaystyle\int_a^a f(x)\,dx=0$ となる。

これで　解決！

微分せよというコマンド　　　積分区間をなくす

$$\dfrac{d}{dx}\int_a^x f(t)\,dt=f(x)\qquad \int_a^a f(x)\,dx=0$$

（丸暗記でもよいから覚えること！）

練習97　定数 a に対し関数 $f(x)$ が $\displaystyle\int_a^x f(t)\,dt=x^3-2x^2+4x-8$ を満たしているとする。

このとき，$f(x)=\boxed{}$ であり，$a=\boxed{}$ である。また，$\displaystyle\int_0^1 f(2x)\,dx=\boxed{}$ である。　〈大阪産大〉

98 放物線と直線で囲まれた部分の面積

放物線 $C:y=x^2$ と直線 $l:y=x+2$ とは2点 □ および □ で交わる。また C と l とで囲まれた部分の面積は □ である。

〈関西学院大〉

解
$$x^2=x+2,\quad (x-2)(x+1)=0$$
$$x=2,\ -1$$
よって，2点 $(2,\ 4)$，$(-1,\ 1)$ で交わる。
$$S=\int_{-1}^{2}(x+2-x^2)\,dx=\left[-\frac{1}{3}x^3+\frac{1}{2}x^2+2x\right]_{-1}^{2}$$
$$=\left(-\frac{8}{3}+2+4\right)-\left(\frac{1}{3}+\frac{1}{2}-2\right)=\frac{9}{2}$$

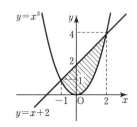

別解
$$S=\int_{-1}^{2}(x+2-x^2)\,dx=-\int_{-1}^{2}(x+1)(x-2)\,dx \quad \Leftarrow この式をかいて公式を使う。$$
$$=\frac{\{2-(-1)\}^3}{6}=\frac{9}{2} \qquad \Leftarrow S=\frac{|a|(\beta-\alpha)^3}{6}\ を利用。$$

アドバイス ••

- 放物線と直線で囲まれた部分の面積を求めるには，普通に計算してもよいが，ここでは別解の方をすすめる。交点を求めさえすれば積分する必要がないから便利だ。

これは $-\displaystyle\int_{\alpha}^{\beta}(x-\alpha)(x-\beta)\,dx=\frac{(\beta-\alpha)^3}{6}$
から導かれる。（例題 91 参照）

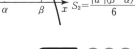

- さらに，放物線と放物線で囲まれた部分の面積を求める場合にも使える。
これは利用価値が高いから積極的に使いたい。

これで 解決!

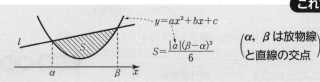

$$S=\frac{|a|(\beta-\alpha)^3}{6} \qquad \left(\begin{array}{l}\alpha,\ \beta は放物線\\ と直線の交点\end{array}\right)$$

練習98 (1) 次の曲線や直線で囲まれた図形の面積を求めよ。

(ア) $y=-(x-2)^2+4,\ y=x$ 〈中央大〉 (イ) $y=x^2,\ y=-x^2+2x+1$ 〈愛媛大〉

(2) 放物線 $y=x^2$ 上の点 $(a,\ a^2)$ における接線を l とする。l と放物線 $y=x^2-1$ との交点の x 座標を a を用いて表せ。また，l と $y=x^2-1$ で囲まれた図形の面積を求めよ。 〈東京女子大〉

99 絶対値のグラフと面積

> 曲線 $y=|x^2-x-2|$ と直線 $y=x+1$ で囲まれた部分の面積 S を求めよ。　　　　〈日本歯大〉

解　$y=|x^2-x-2|$ と $y=x+1$ のグラフをかいて求める部分を示す。（右図）

交点を求めると

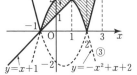

$$\begin{cases} y=x+1 & \cdots\cdots① \\ y=x^2-x-2 & \cdots\cdots② \end{cases} \qquad \begin{cases} y=x+1 & \cdots\cdots① \\ y=-x^2+x+2 & \cdots\cdots③ \end{cases}$$

①，②より　　　　　　①，③より
$$x=3,\ -1 \qquad\qquad x=1,\ -1$$

よって，求める面積は

$$S=\int_{-1}^{1}\{(-x^2+x+2)-(x+1)\}\,dx \quad\Leftarrow S_1$$

$$+\int_{1}^{2}\{(x+1)-(-x^2+x+2)\}\,dx \quad\Leftarrow S_2$$

$$+\int_{2}^{3}\{(x+1)-(x^2-x-2)\}\,dx \quad\Leftarrow S_3$$

$$=-\int_{-1}^{1}(x+1)(x-1)\,dx+\int_{1}^{2}(x^2-1)\,dx+\int_{2}^{3}(-x^2+2x+3)\,dx$$

$$=\frac{(1+1)^3}{6}+\left[\frac{1}{3}x^3-x\right]_{1}^{2}+\left[-\frac{1}{3}x^3+x^2+3x\right]_{2}^{3}$$

$$=\frac{4}{3}+\left\{\left(\frac{8}{3}-2\right)-\left(\frac{1}{3}-1\right)\right\}+\left\{(-9+9+9)-\left(-\frac{8}{3}+4+6\right)\right\}$$

$$=\frac{4}{3}+\frac{4}{3}+\frac{5}{3}=\frac{13}{3}$$

アドバイス ・・・

- 絶対値のグラフと直線などで囲まれた部分の面積を求める場合，求める部分やグラフの交点を出すだけでもやっかい。定積分の計算になるとなお面倒である。解答のように1つ1つステップを踏んで確実に計算したい。

これで 解決！

絶対値のグラフと面積 ➡ **積分区間** と **求める部分** （グラフの交点）（上と下のグラフの関係）を明確に
面倒な定積分の計算に負けるな！

練習99　曲線 $y=|x^2-4|$ と直線 $y=x+2$ の交点の x 座標は ☐，☐，☐ であり，この曲線と直線で囲まれた図形の面積は ☐ である。　　　　〈摂南大〉

100 面積の最小値・最大値

点 $(1, 2)$ を通り，傾き m の直線と放物線 $y=x^2$ とで囲まれた部分の面積 S の最小値を求めよ。　　〈慶応大〉

解　直線の方程式は　$y-2=m(x-1)$　より

$$y=mx-m+2$$

放物線 $y=x^2$ との交点の x 座標を α, β $(\alpha < \beta)$ とすると，

α, β は，$x^2-mx+m-2=0$ ……①

の解だから　$x=\dfrac{m\pm\sqrt{m^2-4m+8}}{2}$　より

←放物線と直線で囲まれた部分の面積（例題 98 参照）

$$\leftarrow \alpha=\dfrac{m-\sqrt{m^2-4m+8}}{2}$$

$$\beta=\dfrac{m+\sqrt{m^2-4m+8}}{2}$$

$$\beta-\alpha=\sqrt{m^2-4m+8}$$

$$S=\int_{\alpha}^{\beta}(mx-m+2-x^2)\,dx$$

$$=-\int_{\alpha}^{\beta}(x-\alpha)(x-\beta)\,dx$$

$$=\dfrac{(\beta-\alpha)^3}{6}=\dfrac{1}{6}(\sqrt{m^2-4m+8})^3$$

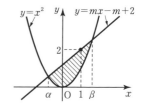

ここで，$m^2-4m+8=(m-2)^2+4$　より

$m=2$ のとき，最小値 4 をとる。

よって，最小値は　$S=\dfrac{(\sqrt{4})^3}{6}=\dfrac{4}{3}$

別解　▶解と係数の関係を利用した $\beta-\alpha$ の求め方◀

①の式に解と係数の関係をあてはめて

$$\alpha+\beta=m,\ \alpha\beta=m-2$$

$$(\beta-\alpha)^2=(\alpha+\beta)^2-4\alpha\beta=m^2-4m+8$$

$$S=\dfrac{1}{6}(\beta-\alpha)^3=\dfrac{1}{6}(m^2-4m+8)^{\frac{3}{2}}$$

$\leftarrow \{(\beta-\alpha)^2\}^{\frac{3}{2}}=(\beta-\alpha)^3$

アドバイス

• 直線や放物線の方程式に文字が含まれている場合，囲まれた部分の面積はその文字の関数として表される。この例では面積 S は m の関数になっていて，根号 $\sqrt{}$ があるが，最小値は根号の中だけを取り出した関数で考えればよい。

これで 解決!

$\sqrt{f(m)}$ の最大値，最小値　➡　$f(m)$ だけ取り出す

練習100　2 つの放物線 $y=x^2-ax+1$, $y=-x^2+(a+4)x-3a+1$ について

(1) 2 つの放物線は異なる 2 点で交わることを示せ。

(2) 2 つの放物線で囲まれた部分の面積 $S(a)$ を求めよ。また，$S(a)$ の最小値とそのときの a の値を求めよ。　　〈関西大〉

101 面積を分ける直線，放物線

> 放物線 $y=-x^2+2x$ と x 軸で囲まれる部分の面積を，直線 $y=ax$ が2等分するように a の値を定めよ。 〈大阪薬大〉

解 $2x-x^2=0$ より $x=0,\ 2$

右図のように，面積を $S_1,\ S_2$ とおくと

$$S_1+S_2=\int_0^2(2x-x^2)\,dx=-\int_0^2 x(x-2)\,dx$$

$$=\frac{(2-0)^3}{6}=\frac{4}{3}$$

← $-\int_a^\beta (x-\alpha)(x-\beta)\,dx$

$=\dfrac{(\beta-\alpha)^3}{6}$

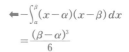

放物線と直線の交点は

$$2x-x^2=ax,\qquad x(x+a-2)=0\quad \text{より}$$

$$x=0,\ 2-a$$

$$S_1=\int_0^{2-a}(-x^2+2x-ax)\,dx$$

$$=-\int_0^{2-a}x(x-2+a)\,dx=\frac{(2-a)^3}{6}$$

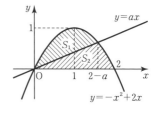

$S_1=S_2$ だから $\dfrac{2}{3}=\dfrac{(2-a)^3}{6}$

$(2-a)^3=4$ より $2-a=\sqrt[3]{4}$

← $(2-a)^3$ は展開しない で3乗根で表す。

← $x^3=k$ のとき $x=\sqrt[3]{k}$

よって，$a=2-\sqrt[3]{4}$

アドバイス ・・・・・・・・・・・・・・・・・・・・・・・・・・・・・・・・・・・・・

- 放物線と x 軸（直線）で囲まれた部分の面積を直線や放物線で分ける問題はよくある。定積分の計算では $S=\dfrac{|a|(\beta-\alpha)^3}{6}$ （例題98参照）を活用したい。

- また，3乗根の解を求める計算もしばしば見られるが，展開しないで求めるのがコツだ。

これで 解決！

面積を分ける直線，放物線 ➡ $S=\dfrac{|a|(\beta-\alpha)^3}{6}$ は full 出場

$(\beta-\alpha)^3=k$ は $\xrightarrow{\text{展開しないで}}$ $\beta-\alpha=\sqrt[3]{k}$ とする

練習101 放物線 $y=x^2-4x$ と x 軸で囲まれた部分を D とする。

(1) D の面積は $\boxed{}$ である。

(2) 直線 $y=ax$ が D の面積を2等分するとき，定数 a の値は $\boxed{}$ である。

(3) 放物線 $y=bx^2$ が D の面積を2等分するとき，定数 b の値は $\boxed{}$ である。

〈日本大〉

102 3次関数のグラフとその接線で囲まれた部分

曲線 $y=x^3-4x$ について，次の問いに答えよ。

(1) 曲線上の点 $(1, -3)$ における接線の方程式を求めよ。

(2) (1)で求めた接線と曲線で囲まれる部分の面積を求めよ。

〈神奈川大〉

解
(1) $y'=3x^2-4$　　$x=1$ のとき $y'=-1$
　　よって，接線の方程式は
　　$y-(-3)=-(x-1)$
　　よって　$y=-x-2$

接線の方程式
$y-f(a)=f'(a)(x-a)$

(2) 曲線と接線の共有点の x 座標は
　　$x^3-4x=-x-2$　より
　　$x^3-3x+2=0$
　　$(x-1)^2(x+2)=0$　　←$x=1$ が接点だから
　　$x=1, -2$　　　　　　因数分解すると
　　右のグラフより　　　 $(x-1)^2$ がでてくる。

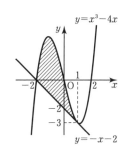

$$S=\int_{-2}^{1}(x^3-3x+2)\,dx$$
$$=\left[\frac{1}{4}x^4-\frac{3}{2}x^2+2x\right]_{-2}^{1}$$
$$=\left(\frac{1}{4}-\frac{3}{2}+2\right)-(4-6-4)=\frac{27}{4}$$

アドバイス

• 曲線と接線において，接点以外の共有点を求めるとき，$x=\alpha$ が接点ならば

接点 $\iff$ 重解 $\iff$ $(x-\alpha)^2$

の関係から必ず $(x-\alpha)^2$ がでてきて

$(x-\alpha)^2(x-\beta)=0$

の形になる。これは因数分解の大きな目安となる。

これで 解決！

3次関数のグラフと接線で囲まれた部分の面積で，

接点以外の共有点の求め方 ➡ $\begin{cases} x=\alpha \text{ が接点なら } (x-\alpha)^2 \text{ がでてきて} \\ (x-\alpha)^2(x-\beta)=0 \end{cases}$

練習102 曲線 $C: y=x^3$ の点 $P(t, t^3)$ $(t>0)$ における接線を l とし，l と C のもう一方の交点を Q とする。 〈三重大〉

(1) l の方程式を求めよ。　　　　　(2) Q の座標を求めよ。

(3) l と C で囲まれた図形の面積が 3 であった。このときの t を求めよ。

こ　た　え

1 (1) $a=4$　(2) -810, -1800

2 (1) $8x+32$　(2) $p=4$, $q=3$

　(3) 0, $70+36\sqrt{3}$

3 (1) $\dfrac{x-2}{x(x-1)}$　(2) $\dfrac{8}{(x+3)(x-2)}$

　(3) 0　(4) $\dfrac{1}{x+1}$

4 $a=-5$, $A=-1$

5 (1) $x=-1$, $y=-3$

　(2) $x=2$, $y=1$

6 3, -2

7 (1) $a=1$, $b=1$　(2) 3, 4

8 4, 7

9 $\dfrac{4}{3}$, 4

10 (1) -1　(2) $a=4$, $b=3$

11 (1) $x+2$　(2) $3x+1$

12 $-x^2+3x+1$

13 (1) ① $x=-1$, -7, $\dfrac{1}{2}$

　　② $x=\dfrac{1}{2}$, $\dfrac{-1\pm\sqrt{3}\,i}{2}$

　(2) -4, -12, -2, 3

14 (1) $(x-1)(ax^2-x-3)$

　(2) $x=1$, $\dfrac{3}{2}$, -1

　(3) $a=-\dfrac{1}{12}$ のとき $x=1$, -6

　　$a=4$ のとき $x=1$, $-\dfrac{3}{4}$

15 (1) $a=-2$, $b=0$, 1

　(2) ① -2　② -19　③ 11

16 実数解は $x=\dfrac{1}{2}$

　$a=-\dfrac{5}{2}$, $b=6$

17 (1) $\omega^2+\omega^4=-1$, $\omega^5+\omega^{10}=-1$

　(2) n が 3 の倍数のとき 2

　　n が 3 の倍数でないとき -1

18 (1) $a=-1$, $b=\dfrac{1}{2}$, $c=\dfrac{1}{2}$

　(2) $a=1$, $b=3$, $c=3$, $d=-2$

　(3) $a=2$, $b=3$, $c=-5$

19 (1) $\dfrac{1}{6}$

　(2) $(a+b)(b+c)(c+a)=-1$

　　$a^3+b^3+c^3=3$

　(3) -1

20 (1) $\dfrac{1}{10}$, $-\dfrac{1}{5}$　(2) $\dfrac{1}{2}$

21 (1) $\dfrac{9}{2}$

　(2) $x=\dfrac{\sqrt{6}}{2}$ のとき最小値 8

　(3) 6

22 略

23 $\left(\dfrac{5}{2},\ 0\right)$

24 $y=-\dfrac{3}{2}x+2$, $y=\dfrac{2}{3}x-\dfrac{7}{3}$

25 $k=2$

26 $k=-1$, 2, $\dfrac{2}{3}$

27 (1) 2　(2) $k=-4\pm\sqrt{15}$

　(3) $\mathrm{P}\left(\dfrac{1}{2},\ \dfrac{5}{4}\right)$ のとき最小値 $\dfrac{3\sqrt{2}}{8}$

28 7

29 -11, 9, 3, 1, 2, 3

30 $(8,\ 5)$

31 $(1,\ 1)$

32 $x+3y-4=0$, $3x-y-2=0$

33 2, 4, 20

34 (1) $y=2x\pm5$

　(2) $y=\dfrac{4}{3}x-\dfrac{25}{3}$, $y=-\dfrac{3}{4}x+\dfrac{25}{4}$

　(3) $y=\dfrac{1}{3}x$, $y=-3x+10$

35 10

36 $\sqrt{14}$, $2\sqrt{5}$

37 (1) $2\sqrt{5}-3$, $2\sqrt{5}+3$

　(2) 最小値は $\sqrt{2}$, $\mathrm{P}(4,\ 1)$

38 (1) $\dfrac{1}{8}\leqq k\leqq\dfrac{7}{8}$

　(2) ① $0<a<\dfrac{4}{3}$

　　② $a=1$, $\dfrac{1}{7}$

39 (1)　$x+3y-2=0$

　(2)　中心は $(-1,\ 0)$，半径は $\sqrt{5}$

40　$a=-1$

41　$y=x^2+3x+1$

42 (1)　$y=3x^2-10x+6$

　(2)　$(x-3)^2+(y-1)^2=1$

43 (1)　$m<-2,\ 2<m$

　(2)　放物線 $y=2x^2\ (x<-1,\ 1<x)$

44　$1,\ \dfrac{1}{2},\ \dfrac{5}{4},\ (0,\ 1)$

45　右図の斜線部分
　　（境界を含む）。

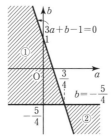

46　下図の斜線部分（境界は含まない）。

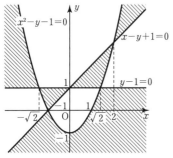

47　$2x+y$ の最大値 6，最小値 2

　x^2+y^2 の最大値 $\dfrac{45}{4}$，最小値 $\dfrac{16}{5}$

48　最大値 2，最小値 $\dfrac{2}{3}$

49 (1)　下図の斜線部分（境界を含む）。

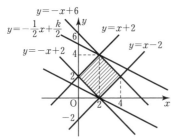

50 (1)　$a=-1,\ 5$

　(2)　略

　(3)　下図の斜線部分（境界を含む）。

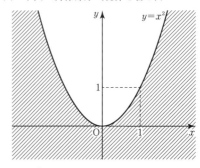

51　$b<\dfrac{1}{4}a^2,\ -4<a<2$

　$b>a-1,\ b>-2a-4$

　下図の斜線部分（境界を含まない）。

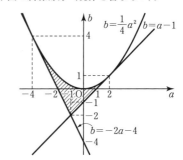

52 (1)　$-\dfrac{4\sqrt{6}}{25},\ -\dfrac{\sqrt{15}}{5}$

　(2)　$\dfrac{1}{6},\ \dfrac{3}{4},\ \dfrac{3-7\sqrt{5}}{24}$　　(3)　$\theta=\dfrac{\pi}{4}$

53　略

54　$\sqrt{3},\ \dfrac{4}{3}\pi$

55 (1)　最大値 5 $(\theta=0)$

　　　最小値 $3-2\sqrt{2}$ $\left(\theta=\dfrac{3}{8}\pi\right)$

　(2)　$5\leqq y\leqq 13$

56　$-2,\ \theta=\dfrac{2}{3}\pi$

57 (1)　$\dfrac{7}{6}\pi,\ \dfrac{11}{6}\pi$

短期集中ゼミ　数学II

1 二項定理の一般項 $_nC_r a^{n-r}b^r$，多項定理の一般項 $\dfrac{n!}{p!q!r!}$ にあてはめる。

(1) 一般項は $_5C_r(ax^3)^{5-r}\left(\dfrac{1}{x^2}\right)^r$

$$= {_5C_r}\,a^{5-r}x^{15-3r}\cdot x^{-2r}$$
$$= {_5C_r}\,a^{5-r}x^{15-5r}$$

x^5 の係数は $15-5r=5$ より $r=2$

のとき

$$_5C_2 a^{5-2}=10a^3=640$$

よって，$a^3=64$，

$$(a-4)(a^2+4a+16)=0$$

a は実数だから **$a=4$**

(2) 一般項は

$$\dfrac{5!}{p!q!r!}(x^2)^p(-2x)^q\cdot 3^r$$
$$= \dfrac{5!}{p!q!r!}(-2)^q\cdot 3^r\cdot x^{2p+q}$$

ただし，$p+q+r=5$，$p\geqq 0$，$q\geqq 0$，

$r\geqq 0$ ……①

x の係数は $2p+q=1$ のときで，①

を満たすのは $(p,\ q,\ r)=(0,\ 1,\ 4)$

よって，$\dfrac{5!}{0!\,1!\,4!}(-2)^1\cdot 3^4=\boldsymbol{-810}$

x^3 の係数は $2p+q=3$ のときで，

①を満たすのは

$(p,\ q,\ r)=(0,\ 3,\ 2),\ (1,\ 1,\ 3)$

よって，$\dfrac{5!}{0!\,3!\,2!}(-2)^3\cdot 3^2$

$$\qquad\quad +\dfrac{5!}{1!\,1!\,3!}(-2)^1\cdot 3^3$$
$$=10\cdot(-8)\cdot 9+20\cdot(-2)\cdot 27$$
$$=-720-1080=\boldsymbol{-1800}$$

2 (1) | 割り算の原理関係式をかいて整式の割り算をする。

整式 P を $2x^2+5$ で割ったときの商を A

とすると

$$P=(2x^2+5)A+7x-4$$

また，A を $3x^2+5x+2$

で割ったときの

商を B とすると

$$A=(3x^2+5x+2)B$$
$$\qquad +3x+8$$

これより

$$P=(2x^2+5)\{(3x^2+5x+2)B+3x+8\}$$
$$\qquad +7x-4$$
$$=(2x^2+5)(3x^2+5x+2)B$$
$$\qquad +(2x^2+5)(3x+8)+7x-4$$
$$=(2x^2+5)(3x^2+5x+2)B$$
$$\qquad +6x^3+16x^2+22x+36$$

$$
\begin{array}{r}
2x+2 \\
3x^2+5x+2\,\overline{)6x^3+16x^2+22x+36} \\
\underline{6x^3+10x^2+\ 4x} \\
6x^2+18x+36 \\
\underline{6x^2+10x+\ 4} \\
8x+32
\end{array}
$$

P を $3x^2+5x+2$ で割ると，〰〰部分は割り切れるから，上の計算より余りは **$8x+32$**

(2) | 実際に割り算を実行し，余りを0とおく。

$$
\begin{array}{r}
x^2+2x+3 \\
x^2-2x+1\,\overline{)x^4-\ px\ +\ q} \\
\underline{x^4-2x^3+\ x^2} \\
2x^3-\ x^2-\ px \\
\underline{2x^3-4x^2+\ 2x} \\
3x^2-(p+2)x+\ q \\
\underline{3x^2-6x+\ 3} \\
-(p-4)x+q-3
\end{array}
$$

上の割り算より，割り切れるためには余りは0だから

$$p-4=0\ \text{かつ}\ q-3=0$$

よって，**$p=4,\ q=3$**

別解

数IIIの微分を利用する

x^4-px+q を $(x-1)^2$ で割ったときの

商を $Q(x)$（2次式）とすると，割り切れるから

$$x^4 - px + q = (x-1)^2 Q(x) \quad \cdots\cdots ①$$

と表せる。

①の両辺を x で微分して

$$4x^3 - p = 2(x-1)Q(x) + (x-1)^2 Q'(x)$$
$$\cdots\cdots ②$$

①，②に $x=1$ を代入して

$$1 - p + q = 0 \quad \cdots\cdots ①'$$
$$4 - p = 0 \quad \cdots\cdots ②'$$

①′，②′ より $p=4,\ q=3$

(3) $x=2+\sqrt{3}$ より $x^2-4x+1=0$ となることを利用する。与式を x^2-4x+1 で割って，関係式をつくる。

$x=2+\sqrt{3}$ より $x-2=\sqrt{3}$

として両辺2乗する。

$$(x-2)^2 = (\sqrt{3})^2,\quad x^2-4x+4=3$$

よって，$x^2-4x+1=0$

$$
\begin{array}{r}
x^2 + x + 10 \\
x^2-4x+1\,\overline{)\,x^4-3x^3+7x^2-3x+8} \\
\underline{x^4-4x^3+\ x^2} \\
x^3+6x^2-3x \\
\underline{x^3-4x^2+\ x} \\
10x^2-\ 4x+8 \\
\underline{10x^2-40x+10} \\
36x-2
\end{array}
$$

上の割り算より

$$x^4-3x^3+7x^2-3x+8$$
$$=(x^2-4x+1)(x^2+x+10)+36x-2$$

$x=2+\sqrt{3}$ を代入すると，

$x^2-4x+1=0$ だから

$$=36\times(2+\sqrt{3})-2$$
$$=70+36\sqrt{3}$$

3 (1)，(3)は通分する前に，分数式を変形しておく。

(1) $\dfrac{x+2}{x} + \dfrac{x-2}{x-1} - 2 = \left(1 + \dfrac{2}{x}\right)$

$$+ \left(1 - \dfrac{1}{x-1}\right) - 2$$

$$= \dfrac{2}{x} - \dfrac{1}{x-1} = \dfrac{2(x-1)-x}{x(x-1)} = \dfrac{x-2}{x(x-1)}$$

別解

与式を通分する。

$$(与式) = \dfrac{(x+2)(x-1)+x(x-2)-2x(x-1)}{x(x-1)}$$

$$= \dfrac{x^2+x-2+x^2-2x-2x^2+2x}{x(x-1)}$$

$$= \dfrac{x-2}{x(x-1)}$$

(2) $\dfrac{x+11}{2x^2+7x+3} - \dfrac{x-10}{2x^2-3x-2}$

$$= \dfrac{x+11}{(2x+1)(x+3)} - \dfrac{x-10}{(2x+1)(x-2)}$$

$$= \dfrac{(x+11)(x-2)-(x-10)(x+3)}{(2x+1)(x+3)(x-2)}$$

$$= \dfrac{x^2+9x-22-(x^2-7x-30)}{(2x+1)(x+3)(x-2)}$$

$$= \dfrac{8(2x+1)}{(2x+1)(x+3)(x-2)}$$

$$= \dfrac{8}{(x+3)(x-2)}$$

(3) $\dfrac{a-b}{ab} + \dfrac{b-c}{bc} + \dfrac{c-d}{cd} + \dfrac{d-a}{da}$

$$= \left(\dfrac{a}{ab} - \dfrac{b}{ab}\right) + \left(\dfrac{b}{bc} - \dfrac{c}{bc}\right)$$

$$+ \left(\dfrac{c}{cd} - \dfrac{d}{cd}\right) + \left(\dfrac{d}{da} - \dfrac{a}{da}\right)$$

$$= \left(\dfrac{1}{b} - \dfrac{1}{a}\right) + \left(\dfrac{1}{c} - \dfrac{1}{b}\right)$$

$$+ \left(\dfrac{1}{d} - \dfrac{1}{c}\right) + \left(\dfrac{1}{a} - \dfrac{1}{d}\right) = 0$$

(4) 分母，分子に分母の因数を掛けて分母を払う

$$\dfrac{\dfrac{2}{x+1} + \dfrac{1}{x-1}}{3 + \dfrac{2}{x-1}}$$

$$= \dfrac{\left(\dfrac{2}{x+1} + \dfrac{1}{x-1}\right)(x+1)(x-1)}{\left(3 + \dfrac{2}{x-1}\right)(x+1)(x-1)}$$

$$= \dfrac{2(x-1)+(x+1)}{3(x+1)(x-1)+2(x+1)}$$

$$= \dfrac{3x-1}{3x^2+2x-1} = \dfrac{3x-1}{(3x-1)(x+1)}$$

$$= \dfrac{1}{x+1}$$

別解

$$\frac{\dfrac{2}{x+1}+\dfrac{1}{x-1}}{3+\dfrac{2}{x-1}}=\frac{\dfrac{2(x-1)+x+1}{(x+1)(x-1)}}{\dfrac{3(x-1)+2}{x-1}}$$

$$=\frac{\dfrac{3x-1}{(x+1)(x-1)}}{\dfrac{3x-1}{x-1}}$$

$$=\frac{3x-1}{(x+1)(x-1)}\times\frac{x-1}{3x-1}$$

$$=\frac{1}{x+1}$$

4 | 分母を実数化して $A=\bigcirc+\square\,i$ の形に。A が実数だから $\square=0$ である。

$A=\dfrac{1-i}{1-2i}+\dfrac{a+i}{3-i}$

$=\dfrac{(1-i)(1+2i)}{(1-2i)(1+2i)}+\dfrac{(a+i)(3+i)}{(3-i)(3+i)}$

$=\dfrac{1+i-2i^2}{1-4i^2}+\dfrac{3a+(a+3)i+i^2}{9-i^2}$

$=\dfrac{3+i}{5}+\dfrac{3a-1+(a+3)i}{10}$

$=\dfrac{3a+5}{10}+\dfrac{a+5}{10}i$

a は実数だから，A が実数になるには

$\dfrac{a+5}{10}=0$　よって，$a=-5$

このとき，$A=\dfrac{3\times(-5)+5}{10}=-1$

5 (1) | 左辺を展開して $a+bi$ の形に。

$(1+2i)(x+i)=y+xi$

$x+(2x+1)i+2i^2=y+xi$

$(x-2)+(2x+1)i=y+xi$

$x-2,\ 2x+1,\ x,\ y$ は実数だから，

$x-2=y$　……①

$2x+1=x$　……②

①，②を解いて

　$x=-1,\ y=-3$

(2) | 分母を実数化して $a+bi$ の形に。

与式より

$\dfrac{x(1-2i)}{(1+2i)(1-2i)}+\dfrac{y(2+i)}{(2-i)(2+i)}$

$=\dfrac{(3-i)^2}{(3+i)(3-i)}$

$\dfrac{x-2xi}{5}+\dfrac{2y+yi}{5}=\dfrac{8-6i}{10}$

$(x+2y)-(2x-y)i=4-3i$

$x+2y,\ 2x-y$ は実数だから

$x+2y=4$　……①

$2x-y=3$　……②

①，②を解いて

　$x=2,\ y=1$

別解 | 両辺の分母を払って $a+bi$ の形に。

両辺に $(1+2i)(2-i)(3+i)$ を掛けて分母を払う。

$x(2-i)(3+i)+y(1+2i)(3+i)$

$=(1+2i)(2-i)(3-i)$

$x(7-i)+y(1+7i)=15+5i$

$(7x+y)+(-x+7y)i=15+5i$

$7x+y,\ -x+7y$ は実数だから

$7x+y=15$　……①

$-x+7y=5$　……②

①，②を解いて

　$x=2,\ y=1$

6 | $(A)+(B)i=0$ と変形。$A=0,\ B=0$ の共通解を求める。

$(1+i)r^2+(a-i)r+2(1-ai)=0$

$(r^2+ar+2)+(r^2-r-2a)i=0$

$r^2+ar+2,\ r^2-r-2a$ は実数だから

$r^2+ar+2=0$　……①

$r^2-r-2a=0$　……②

①－②より

$(a+1)r+2(a+1)=0$

$(a+1)(r+2)=0$

$a\ne-1$ のとき　$r=-2$

①に代入して，$a=3$

$a=-1$ のとき，$r^2-r+2=0$　となり，r は実数解をもたない。

よって，$a=3,\ r=-2$

7 解と係数の関係を利用して関係式をつくる。

(1) $x^2+ax+b=0$ の2つの解が α, β だから，解と係数の関係より

$\alpha+\beta=-a$ ……①

$\alpha\beta=b$ ……②

$x^2+bx+a=0$ の2つの解が $\dfrac{1}{\alpha}$, $\dfrac{1}{\beta}$ だから，

$\dfrac{1}{\alpha}+\dfrac{1}{\beta}=-b$ ……③

$\dfrac{1}{\alpha}\cdot\dfrac{1}{\beta}=a$ ……④

③より $\dfrac{\alpha+\beta}{\alpha\beta}=-b$

①，②を代入して

$\dfrac{-a}{b}=-b$ より $a=b^2$ ……①′

④に②を代入して

$\dfrac{1}{b}=a$ より $ab=1$ ……②′

①′，②′ より $b^3=1$

$(b-1)(b^2+b+1)=0$

b は実数だから $b=1$，このとき $a=1$

よって，**$a=1$，$b=1$**

(2) $x^2-(\sqrt{k^2+9})x+k=0$ の2つの解が α, β だから，解と係数の関係より

$\alpha+\beta=\sqrt{k^2+9}$ ……①

$\alpha\beta=k$ ……②

$\dfrac{\beta}{\alpha}+\dfrac{\alpha}{\beta}=\dfrac{\beta^2+\alpha^2}{\alpha\beta}=\dfrac{(\alpha+\beta)^2-2\alpha\beta}{\alpha\beta}$

①，②を代入して

$=\dfrac{(\sqrt{k^2+9})^2-2k}{k}$

$=\dfrac{k^2-2k+9}{k}$

$=k+\dfrac{9}{k}-2$

$k>0$ だから，相加平均 $\geqq$ 相乗平均の関係より

$k+\dfrac{9}{k}-2\geqq 2\sqrt{k\cdot\dfrac{9}{k}}-2=2\cdot3-2=4$

等号は $k=\dfrac{9}{k}$ より $k^2=9$ すなわち

$k=3$（$k>0$）のとき

よって，**$k=3$ で最小値 4**

8 解と係数の関係を利用して，2つの解について「解の和」と「解の積」を求める。

解と係数の関係より

$\alpha+\beta=2$, $\alpha\beta=\dfrac{1}{2}$ ……①

（解の和）$=\left(\alpha-\dfrac{1}{\alpha}\right)+\left(\beta-\dfrac{1}{\beta}\right)$

$=\alpha+\beta-\dfrac{\alpha+\beta}{\alpha\beta}$

①を代入して

$=2-2\cdot2=-2$

（解の積）$=\left(\alpha-\dfrac{1}{\alpha}\right)\left(\beta-\dfrac{1}{\beta}\right)$

$=\alpha\beta-\left(\dfrac{\beta}{\alpha}+\dfrac{\alpha}{\beta}\right)+\dfrac{1}{\alpha\beta}$

$=\alpha\beta+\dfrac{1}{\alpha\beta}-\dfrac{\alpha^2+\beta^2}{\alpha\beta}$

$=\alpha\beta+\dfrac{1}{\alpha\beta}-\dfrac{(\alpha+\beta)^2-2\alpha\beta}{\alpha\beta}$

①を代入して

$=\dfrac{1}{2}+2-2\cdot\left(2^2-2\cdot\dfrac{1}{2}\right)$

$=\dfrac{1}{2}+2-6=-\dfrac{7}{2}$

よって，$x^2-(-2)x-\dfrac{7}{2}=0$ より

$2x^2+4x-7=0$

9 解の比が $1:3$ だから，α, 3α とおく。

2つの解を α, 3α とおくと

解と係数の関係より

$\alpha+3\alpha=p$ ……①

$\alpha\cdot3\alpha=p-1$ ……②

①より $p=4\alpha$ を②に代入

$3\alpha^2=4\alpha-1$

$(3\alpha-1)(\alpha-1)=0$ より $\alpha=\dfrac{1}{3}$, 1

①に代入して

$\alpha=\dfrac{1}{3}$ のとき $p=\dfrac{4}{3}$

$\alpha=1$ のとき $p=4$

よって，**$p=\dfrac{4}{3}$, 4**

10 (1) $f(x)=(x^2-6x-7)Q(x)+2x+1$ と表せる。$f(x)$ を $x+1$ で割った余りは $f(-1)$ である。

$f(x)$ を x^2-6x-7 で割ったときの商を $Q(x)$ とすると
$$f(x)=(x^2-6x-7)Q(x)+2x+1$$
と表せる。
$$=(x-7)(x+1)Q(x)+2x+1$$
$x+1$ で割った余りは
$$f(-1)=2\cdot(-1)+1=\boldsymbol{-1}$$

(2) $P(x)$ は $2x^2-x-1=(x-1)(2x+1)$ で割り切れるから、$x-1$ かつ $2x+1$ で割り切れる。

$P(x)=4x^4+ax^3-11x^2+b$ は
$$2x^2-x-1=(x-1)(2x+1)$$
で割り切れるから、$x-1$ かつ $2x+1$ で割り切れる。
$$P(1)=4+a-11+b=0$$
よって $a+b=7$ ……①
$$P\left(-\frac{1}{2}\right)=\frac{1}{4}-\frac{1}{8}a-\frac{11}{4}+b=0$$
よって，$-a+8b=20$ ……②
①，②を解いて $\boldsymbol{a=4,\ b=3}$

11 (1) $P(x)=(x-1)(x-2)Q(x)+ax+b$ とおく。

$P(x)$ を $(x-1)(x-2)$ で割ったときの商を $Q(x)$，余りを $ax+b$ とすると
$$P(x)=(x-1)(x-2)Q(x)+ax+b$$
条件より $P(1)=3,\ P(2)=4$ だから
$$P(1)=a+b=3 \quad\cdots\cdots①$$
$$P(2)=2a+b=4 \quad\cdots\cdots②$$
①，②を解いて $a=1,\ b=2$
よって，$\boldsymbol{x+2}$

(2) $P(x)=(x+2)(x-3)Q(x)+ax+b$ とおく。$P(-2)$，$P(3)$ の値は $P(x)$ を条件に従って表して求める。

$P(x)$ を $(x-1)(x+2)$ で割ったときの商を $Q_1(x)$ とすると
$$P(x)=(x-1)(x+2)Q_1(x)+2x-1$$
$$\cdots\cdots①$$

$P(x)$ を $(x-2)(x-3)$ で割ったときの商を $Q_2(x)$ とすると
$$P(x)=(x-2)(x-3)Q_2(x)+x+7$$
$$\cdots\cdots②$$
$P(x)$ を $(x+2)(x-3)$ で割ったとき の商を $Q(x)$，余りを $ax+b$ とすると
$$P(x)=(x+2)(x-3)Q(x)+ax+b$$
$$\cdots\cdots③$$
①に $x=-2$，②に $x=3$ を代入して
$$P(-2)=-5,\ P(3)=10$$
③に $x=-2$，3 を代入して
$$P(-2)=-2a+b=-5 \quad\cdots\cdots④$$
$$P(3)=3a+b=10 \quad\cdots\cdots⑤$$
④，⑤を解いて $a=3,\ b=1$
よって，余りは $\boldsymbol{3x+1}$

12 3 次式 $(x-1)^2(x-2)$ で割ったときの商は 2 次式 ax^2+bx+c とおく。

$P(x)$ を $(x-1)^2(x-2)$ で割ったときの商を $Q(x)$，余りを ax^2+bx+c とすると
$$P(x)=(x-1)^2(x-2)Q(x)$$
$$+ax^2+bx+c$$
とおける。
$P(x)$ を $(x-1)^2$ で割ると，次の計算より

$$
\begin{array}{r}
a \\
x^2-2x+1\,\overline{)\,ax^2+\,bx+c} \\
\underline{ax^2-2ax+a} \\
(2a+b)x+c-a
\end{array}
$$

余りは $(2a+b)x+c-a$
$(2a+b)x+c-a=x+2$ より
$$2a+b=1 \quad\cdots\cdots①$$
$$c-a=2 \quad\cdots\cdots②$$
また，$P(2)=4a+2b+c=3$ ……③
①，②，③を解いて
$$a=-1,\ b=3,\ c=1$$
よって，余りは $\boldsymbol{-x^2+3x+1}$

別解
$$P(x)=(x-1)^2(x-2)Q(x)$$
$$+a(x-1)^2+x+2$$
とおける。$P(2)=3$ より

$P(2)=a+4=3$　より　$a=-1$
よって，余りは
$-(x-1)^2+x+2=-x^2+3x+1$

13 (1) 因数定理の利用。

① $P(x)=2x^3+15x^2+6x-7=0$　とおくと
$P(-1)=-2+15-6-7=0$　だから
$P(x)$ は $x+1$ を因数にもつ。

$$
\begin{array}{r|rrrr}
-1 & 2 & 15 & 6 & -7 \\
  &   & -2 & -13 & 7 \\
\hline
  & 2 & 13 & -7 & \underline{}0 \\
\end{array}
$$

$P(x)=(x+1)(2x^2+13x-7)$
$=(x+1)(x+7)(2x-1)$

よって，$P(x)=0$ の解は

$x=-1,\ -7,\ \dfrac{1}{2}$

② $P(x)=2x^3+x^2+x-1$　とおくと
$P\left(\dfrac{1}{2}\right)=\dfrac{1}{4}+\dfrac{1}{4}+\dfrac{1}{2}-1=0$　だから
$P(x)$ は $2x-1$ を因数にもつ。

$$
\begin{array}{r|rrr}
\frac{1}{2} & 2 & 1 & 1 & -1 \\
  &   & 1 & 1 & 1 \\
\hline
  & 2 & 2 & 2 & \underline{}0 \\
\end{array}
$$

$P(x)=\left(x-\dfrac{1}{2}\right)(2x^2+2x+2)$
$=(2x-1)(x^2+x+1)$

よって，$P(x)=0$ の解は
$2x-1=0,\ x^2+x+1=0$　より

$x=\dfrac{1}{2},\ \dfrac{-1\pm\sqrt{3}\,i}{2}$

(2) $x=1,\ 2$ が解だからこれを方程式に代入すると成り立つ。

$P(x)=x^4+ax^3+(a+3)x^2+16x+b$
とおくと，
$x=1,\ 2$ を解にもつから
$P(1)=0,\ P(2)=0$ である。
$P(1)=1+a+a+3+16+b=0$
より　$2a+b=-20$　……①
$P(2)=16+8a+4a+12+32+b=0$
より　$12a+b=-60$　……②

①，②を解いて
$a=-4,\ b=-12$
$P(x)=x^4-4x^3-x^2+16x-12$ は
$(x-1)(x-2)=x^2-3x+2$
を因数にもつから

$$
\begin{array}{r}
x^2-\ x-6 \\
x^2-3x+2\ \overline{)\ x^4-4x^3-\ x^2+16x-12} \\
\underline{x^4-3x^3+2x^2} \\
-x^3-3x^2+16x \\
\underline{-x^3+3x^2-\ 2x} \\
-6x^2+18x-12 \\
\underline{-6x^2+18x-12} \\
0
\end{array}
$$

上の割り算より
$P(x)=(x^2-3x+2)(x^2-x-6)$
$=(x-1)(x-2)(x+2)(x-3)$
$=0$
これより，解は $x=1,\ 2,\ -2,\ 3$
よって，他の解は $x=-2,\ 3$

14 (1) 因数定理もしくは次数の低い a で整理する。

$P(x)=ax^3-(a+1)x^2-2x+3$
とおくと
$P(1)=a-(a+1)-2+3=0$ だから
$P(x)$ は $x-1$ を因数にもつ。
よって　$P(x)=(x-1)(ax^2-x-3)$

別解
次数の低い a で整理する。
$(与式)=a(x^3-x^2)-(x^2+2x-3)$
$=ax^2(x-1)-(x-1)(x+3)$
$=(x-1)(ax^2-x-3)$

(2) $a=2$ を代入すると，①は
$(x-1)(2x^2-x-3)=0$
$(x-1)(2x-3)(x+1)=0$

よって　$x=1,\ \dfrac{3}{2},\ -1$

(3) 解が重なる（重解になる）ときに注意して方程式を解く。

$(x-1)(ax^2-x-3)=0$　より
$x=1$ を解にもつ。

$ax^2-x-3=0$ ……② とすると

(i) ②が $x=1$ 以外の重解をもつとき
$$D=(-1)^2-4\cdot a\cdot(-3)=0$$
$$12a=-1 \quad より \quad a=-\frac{1}{12}$$

このとき，解は
$$-\frac{1}{12}x^2-x-3=0,\quad x^2+12x+36=0$$
$(x+6)^2=0$ より $x=-6$（これは適する）

(ii) ②が $x=1$ を解（重解でない）にもつとき②に $x=1$ を代入して
$$a-1-3=0 \quad より \quad a=4$$

このとき，②は $4x^2-x-3=0$
$(4x+3)(x-1)=0$ より $x=-\dfrac{3}{4},\ 1$

(i)，(ii)より
$$a=-\frac{1}{12} \text{ のとき } x=1,\ -6$$
$$a=4 \text{ のとき } x=1,\ -\frac{3}{4}$$

15 (1) | もう1つの解を γ として，2次方程式と3次方程式の解と係数の関係を適用する。

α，β は $x^2-x-1=0$ の解だから
解と係数の関係より
$$\alpha+\beta=1,\quad \alpha\beta=-1 \quad ……①$$
$x^3+ax^2+bx+1=0$ のもう1つの解を γ とすると，解と係数の関係より
$$\alpha+\beta+\gamma=-a \quad ……②$$
$$\alpha\beta+\beta\gamma+\gamma\alpha=b \quad ……③$$
$$\alpha\beta\gamma=-1 \quad ……④$$
①を代入して
②は $1+\gamma=-a$ ……②′
③は $\alpha\beta+\gamma(\alpha+\beta)=b$
$$-1+\gamma=b \quad ……③′$$
④は $-\gamma=-1$ より $\gamma=1$
②′，③′に代入して $a=-2,\ b=0$

(2) | 3次方程式の解と係数の関係の適用と，3つの文字の対称式変形をする。

α，β，γ が $x^3-2x^2+3x-7=0$ の解

だから，解と係数の関係より
$$\alpha+\beta+\gamma=2$$
$$\alpha\beta+\beta\gamma+\gamma\alpha=3$$
$$\alpha\beta\gamma=7$$

① $\alpha^2+\beta^2+\gamma^2$
$$=(\alpha+\beta+\gamma)^2-2(\alpha\beta+\beta\gamma+\gamma\alpha)$$
$$=2^2-2\cdot3=-2$$

② $\alpha^2\beta^2+\beta^2\gamma^2+\gamma^2\alpha^2$
$$=(\alpha\beta+\beta\gamma+\gamma\alpha)^2$$
$$\qquad -2(\alpha\beta^2\gamma+\beta\gamma^2\alpha+\gamma\alpha^2\beta)$$
$$=(\alpha\beta+\beta\gamma+\gamma\alpha)^2$$
$$\qquad -2\alpha\beta\gamma(\alpha+\beta+\gamma)$$
$$=3^2-2\cdot7\cdot2=-19$$

③ $\alpha^3+\beta^3+\gamma^3$
$$=(\alpha+\beta+\gamma)(\alpha^2+\beta^2+\gamma^2$$
$$\qquad -\alpha\beta-\beta\gamma-\gamma\alpha)+3\alpha\beta\gamma$$
$$=2\cdot(-2-3)+3\cdot7=11$$

別解 | $x^3-2x^2+3x-7=0$ を利用して次数を下げる。

α，β，γ は $x^3-2x^2+3x-7=0$ の解
だから $\alpha^3-2\alpha^2+3\alpha-7=0$ である。
β，γ についても同様に成り立つ。
よって，
$$\begin{cases} \alpha^3=2\alpha^2-3\alpha+7 & ……① \\ \beta^3=2\beta^2-3\beta+7 & ……② \\ \gamma^3=2\gamma^2-3\gamma+7 & ……③ \end{cases}$$
として①，②，③を辺々加えると
$$\alpha^3+\beta^3+\gamma^3=2(\alpha^2+\beta^2+\gamma^2)$$
$$\qquad -3(\alpha+\beta+\gamma)+21$$
$$=2\cdot(-2)-3\cdot2+21=11$$

16 | $x=1+2i$ を方程式に代入して
$(A)+(B)i=0 \Longleftrightarrow A=0,\ B=0$

$x=1+2i$ が解だから方程式に代入して
$$(1+2i)^3+a(1+2i)^2+b(1+2i)+a=0$$
$$(-11-2i)+a(-3+4i)$$
$$\qquad +b(1+2i)+a=0$$
$$(-2a+b-11)+(4a+2b-2)i=0$$
$-2a+b-11,\ 4a+2b-2$ は実数だから
$$-2a+b-11=0 \quad ……①$$
$$4a+2b-2=0 \quad ……②$$

①，②を解いて

$$a=-\frac{5}{2},\ b=6$$

このとき，方程式は

$$x^3-\frac{5}{2}x^2+6x-\frac{5}{2}=0$$
$$2x^3-5x^2+12x-5=0$$
$$(2x-1)(x^2-2x+5)=0$$

よって，実数解は $x=\dfrac{1}{2}$

別解 **係数が実数の方程式では $1+2i$ が解のとき $1-2i$ も解である性質を利用。**

係数が実数だから $1+2i$ が解ならば $1-2i$ も解である。

(解の和)$=(1+2i)+(1-2i)=2$
(解の積)$=(1+2i)(1-2i)=5$

だから，方程式は x^2-2x+5 を因数にもち，次の割り算で割り切れる。

$$\begin{array}{r} x+(a+2) \\ x^2-2x+5\ \overline{)\ x^3\ +ax^2\ +bx+a} \\ \underline{x^3\ -2x^2\ +5x\ } \\ (a+2)x^2+\ (b-5)x+a \\ \underline{(a+2)x^2-2(a+2)x+5(a+2)} \\ (2a+b-1)x-4a-10 \end{array}$$

余りが 0 となるためには

$$2a+b-1=0\ \cdots\cdots①$$
$$-4a-10=0\ \cdots\cdots②$$

これより $a=-\dfrac{5}{2},\ b=6$

以下同様。

別解 **3 次方程式の解と係数の関係を利用する。**

係数が実数だから，3 つの解を
$$1+2i,\ 1-2i,\ \gamma$$
とおくと，3 次方程式の解と係数の関係より

$$\begin{cases}(1+2i)+(1-2i)+\gamma=-a\ \cdots\cdots①\\(1+2i)(1-2i)+(1-2i)\gamma+\gamma(1+2i)=b\cdots\cdots②\\(1+2i)(1-2i)\gamma=-a\ \cdots\cdots③\end{cases}$$

①より $2+\gamma=-a$

③より $5\gamma=-a$

これより $a=-\dfrac{5}{2},\ \gamma=\dfrac{1}{2}$

②に代入して $b=6$

よって，$a=-\dfrac{5}{2},\ b=6$

実数解は $x=\dfrac{1}{2}$

17 立方根の性質 $\omega^3=1,\ \omega^2+\omega+1=0$ を利用。

$\omega=\dfrac{-1+\sqrt{3}\,i}{2}$ より $2\omega=-1+\sqrt{3}\,i$

$$(2\omega+1)^2=(\sqrt{3}\,i)^2$$
$$4\omega^2+4\omega+1=3i^2$$
$$\omega^2+\omega+1=0$$

ω は $x^2+x+1=0$ の解だから

ω は $(x-1)(x^2+x+1)=0$ すなわち

$x^3-1=0$ の解でもある。

よって，$\omega^3=1$

別解

$\omega=\dfrac{-1+\sqrt{3}\,i}{2}$ より

$$\omega^2=\left(\frac{-1+\sqrt{3}\,i}{2}\right)^2=\frac{-2-2\sqrt{3}\,i}{4}$$
$$=\frac{-1-\sqrt{3}\,i}{2}$$
$$\omega^3=\omega\cdot\omega^2=\frac{-1+\sqrt{3}\,i}{2}\cdot\frac{-1-\sqrt{3}\,i}{2}$$
$$=\frac{4}{4}=1$$

としてもよい。

(1) $\omega^2+\omega^4=\omega^2+\omega^3\cdot\omega$
$$=\omega^2+\omega=-1$$
$\omega^5+\omega^{10}=\omega^3\cdot\omega^2+\omega^9\cdot\omega$
$$=\omega^2+\omega=-1$$

(2) $\omega^{3k}=1,\ \omega^{3k+1}=\omega,\ \omega^{3k+2}=\omega^2$ となるから，$n=3k,\ 3k+1,\ 3k+2$ の場合に分けて考える。

$n=3k$（k は自然数のとき）
$$\omega^n+\omega^{2n}=\omega^{3k}+\omega^{6k}$$
$$=(\omega^3)^k+(\omega^3)^{2k}$$
$$=1+1=2$$

$n=3k+1$（k は 0 以上の整数）
$$\omega^n+\omega^{2n}=\omega^{3k+1}+\omega^{2(3k+1)}$$

$$=\omega^{3k}\cdot\omega+\omega^{6k}\cdot\omega^2$$
$$=\omega+\omega^2=-1$$
$$n=3k+2 \ (k \text{ は } 0 \text{ 以上の整数})$$
$$\omega^n+\omega^{2n}=\omega^{3k+2}+\omega^{2(3k+2)}$$
$$=\omega^{3k}\cdot\omega^2+\omega^{6k}\cdot\omega^4$$
$$=\omega^2+\omega^4=\omega^2+\omega=-1$$

以上より
$$\omega^n+\omega^{2n}$$
$$=\begin{cases} 2 \ (\boldsymbol{n} \text{ が } 3 \text{ の倍数のとき}) \\ -1 \ (\boldsymbol{n} \text{ が } 3 \text{ の倍数でないとき}) \end{cases}$$

18 (1) 展開して係数を比較する。

$$a(x+1)(x-1)+bx(x-1)$$
$$+cx(x+1)=1$$
$$(a+b+c)x^2-(b-c)x-a=1$$
両辺の係数を比較して
$$a+b+c=0 \quad \cdots\cdots①$$
$$b-c=0 \quad \cdots\cdots②$$
$$-a=1 \quad \cdots\cdots③$$
①, ②, ③を解いて
$$a=-1, \ b=\frac{1}{2}, \ c=\frac{1}{2}$$

別解
$x=1$ を代入して $2c=1$
$x=-1$ を代入して $2b=1$
$x=0$ を代入して $-a=1$

これより $a=-1, \ b=\dfrac{1}{2}, \ c=\dfrac{1}{2}$

（逆に、このとき与式は恒等式になっている）
（注意） 代入法は必要条件しか満たしていないので、逆（十分条件）のことを、一言、断っておこう。

(2) $x-1=t$ とおいて与式に代入する。

$x-1=t$ とおいて、$x=t+1$ を代入すると
$$(左辺)=(t+1)^3-3=t^3+3t^2+3t-2$$
$$(右辺)=at^3+bt^2+ct+d$$
$t^3+3t^2+3t-2=at^3+bt^2+ct+d$ が
t についての恒等式だから、両辺の係数を比較して
$$a=1, \ b=3, \ c=3, \ d=-2$$

別解
両辺に $x=1, \ 0, \ 2, \ -1$ を代入すると
$$x=1 : -2=d \quad \cdots\cdots①$$
$$x=0 : -3=-a+b-c+d \quad \cdots\cdots②$$
$$x=2 : 5=a+b+c+d \quad \cdots\cdots③$$
$$x=-1 : -4=-8a+4b-2c+d \cdots\cdots④$$
②＋③より
$$2b+2d=2$$
①の $d=-2$ を代入して $b=3$
$d=-2, \ b=3$ を③, ④に代入して
$5=a+3+c-2$ より
$$a+c=4 \quad \cdots\cdots⑤$$
$-4=-8a+12-2c-2$ より
$$4a+c=7 \quad \cdots\cdots⑥$$
⑥－⑤より $3a=3$ より $a=1$
⑤に代入して $1+c=4$ より $c=3$
よって，$a=1, \ b=3, \ c=3, \ d=-2$
（このとき、与式は恒等式になる）

(3) 分母を払って，整式にして考える。

$$\frac{5x^2-2x+1}{x^3+x^2+3x+3}=\frac{a}{x+1}+\frac{bx+c}{x^2+3}$$
$$x^3+x^2+3x+3=(x+1)(x^2+3)$$
だから，両辺にこれを掛けると
$$5x^2-2x+1$$
$$=a(x^2+3)+(bx+c)(x+1)$$
$$=(a+b)x^2+(b+c)x+3a+c$$
両辺の係数を比較して
$$a+b=5 \quad \cdots\cdots①$$
$$b+c=-2 \quad \cdots\cdots②$$
$$3a+c=1 \quad \cdots\cdots③$$
①, ②, ③を解いて
$$a=2, \ b=3, \ c=-5$$

19 (1) $c=a+b$ を代入して，c を消去する。

与式に $c=a+b$ を代入して
$$(与式)=\frac{a^2+b^2-(a+b)^2}{2ab}$$
$$+\frac{b^2+(a+b)^2-a^2}{3b(a+b)}+\frac{(a+b)^2+a^2-b^2}{4a(a+b)}$$
$$=\frac{-2ab}{2ab}+\frac{2b(a+b)}{3b(a+b)}+\frac{2a(a+b)}{4a(a+b)}$$
$$=-1+\frac{2}{3}+\frac{1}{2}=\frac{1}{6}$$

(2) **条件式，与式とも c を消去してみる。**

$c=-a-b$ を $abc=1$ に代入して
$ab(-a-b)=1$ より
$ab(a+b)=-1$ ……①
$(a+b)(b+c)(c+a)$
$=(a+b)(b-a-b)(-a-b+a)$
$=(a+b)(-a)(-b)$
$=ab(a+b)=-1$ （①より）
$a^3+b^3+c^3$
$=a^3+b^3+(-a-b)^3$
$=a^3+b^3-(a^3+3a^2b+3ab^2+b^3)$
$=-3ab(a+b)=3$ （①より）

別解 **条件式を $a+b=-c$, $b+c=-a$, $c+a=-b$ として代入する。**

$a+b+c=0$ より
$a+b=-c$, $b+c=-a$
$c+a=-b$
として代入すると
$(a+b)(b+c)(c+a)$
$=(-c)(-a)(-b)$
$=-abc=-1$

$a^3+b^3+c^3-3abc$ を因数分解する。

$a^3+b^3+c^3-3abc$
$=(a+b+c)(a^2+b^2+c^2-ab-bc-ca)$
$a+b+c=0$, $abc=1$ だから
$a^3+b^3+c^3-3=0$
よって，$a^3+b^3+c^3=3$

(3) **$x=(y$ の式$)$, $z=(y$ の式$)$ として，y だけの1文字で表すことを考える。**

$x+\dfrac{1}{y}=1$ より $x=1-\dfrac{1}{y}=\dfrac{y-1}{y}$

$y+\dfrac{1}{z}=1$ より $\dfrac{1}{z}=1-y$

よって，$z=\dfrac{1}{1-y}$

$xyz=\dfrac{y-1}{y}\cdot y\cdot\dfrac{1}{1-y}=-1$

20 (1) **問題の比例式を $=k$ とおいて考える。**

$\dfrac{x}{5(y+z)}=\dfrac{y}{5(z+x)}=\dfrac{z}{5(x+y)}=k$

とおく。分母を払って
$x=5(y+z)k$ ……①
$y=5(z+x)k$ ……②
$z=5(x+y)k$ ……③
①，②，③の辺々を加えると
$x+y+z=5k(2x+2y+2z)$
$\qquad\qquad=10k(x+y+z)$
よって，$(x+y+z)(10k-1)=0$
$x+y+z\neq0$ のとき $10k-1=0$
ゆえに，$k=\dfrac{1}{10}$
$x+y+z=0$ のとき
$x+y=-z$, $y+z=-x$,
$z+x=-y$
を，それぞれ与式に代入すると
$k=\dfrac{x}{5(-x)}=\dfrac{y}{5(-y)}=\dfrac{z}{5(-z)}=-\dfrac{1}{5}$

(2) **（比例式）$=k$ とおき $x=○k$, $y=□k$, $z=△k$ として与式に代入する。**

$\dfrac{x+y}{4}=\dfrac{y+z}{5}=\dfrac{z+x}{6}=k$ とおく。

$x+y=4k$ ……①
$y+z=5k$ ……②
$z+x=6k$ ……③
②－①より $z-x=k$ ……④
③＋④より

$2z=7k$ より $z=\dfrac{7}{2}k$

②，③に代入して

$y=\dfrac{3}{2}k$, $x=\dfrac{5}{2}k$

x, y, z を与式に代入して
$\dfrac{xy+yz+zx}{3x^2+2y^2+z^2}$

$=\dfrac{\dfrac{5}{2}k\cdot\dfrac{3}{2}k+\dfrac{3}{2}k\cdot\dfrac{7}{2}k+\dfrac{7}{2}k\cdot\dfrac{5}{2}k}{3\left(\dfrac{5}{2}k\right)^2+2\left(\dfrac{3}{2}k\right)^2+\left(\dfrac{7}{2}k\right)^2}$

$=\dfrac{15k^2+21k^2+35k^2}{75k^2+18k^2+49k^2}$

$=\dfrac{71k^2}{142k^2}=\dfrac{1}{2}$

21 (1) 展開してから，（相加≧相乗）の関係を利用。

$$\left(x+\frac{1}{x}\right)\left(2x+\frac{1}{2x}\right)$$
$$=2x^2+2+\frac{1}{2}+\frac{1}{2x^2}$$
$$=2x^2+\frac{1}{2x^2}+\frac{5}{2}$$

$2x^2>0$，$\dfrac{1}{2x^2}>0$ だから

（相加平均）≧（相乗平均）より

$$2x^2+\frac{1}{2x^2}\geqq 2\sqrt{2x^2\cdot\frac{1}{2x^2}}=2$$

よって，$2x^2+\dfrac{1}{2x^2}+\dfrac{5}{2}\geqq 2+\dfrac{5}{2}=\dfrac{9}{2}$

ゆえに，最小値 $\dfrac{9}{2}$

（注意）　次のように証明するのは誤り。

$x>0$ だから（相加平均）≧（相乗平均）より

$$x+\frac{1}{x}\geqq 2\sqrt{x\cdot\frac{1}{x}}=2 \quad\cdots\cdots①$$
$$2x+\frac{1}{2x}\geqq 2\sqrt{2x\cdot\frac{1}{2x}}=2 \quad\cdots\cdots②$$

①，②の辺々を掛けて

$$\left(x+\frac{1}{x}\right)\left(2x+\frac{1}{2x}\right)\geqq 2\cdot2=4 \quad\cdots\cdots③$$

よって，最小値 4 とするのは誤り。
理由は
①の等号が成り立つときは

$x=\dfrac{1}{x}$ より $x^2=1$ だから $x=1$ のとき

②の等号が成り立つとき

$2x=\dfrac{1}{2x}$ より $4x^2=1$ だから $x=\dfrac{1}{2}$ のとき

したがって，①と②の等号が同時に成り立たないから③の式の等号は成り立たない。

(2) 与式の分数式を変形してから相加≧相乗の関係を利用。

$$4x^2+\frac{1}{(x+1)(x-1)}$$
$$=4x^2+\frac{1}{x^2-1}$$
$$=4(x^2-1)+\frac{1}{x^2-1}+4$$

$4(x^2-1)>0$，$\dfrac{1}{x^2-1}>0$ だから

（相加平均）≧（相乗平均）より

$$4(x^2-1)+\frac{1}{x^2-1}+4$$
$$\geqq 2\sqrt{4(x^2-1)\cdot\frac{1}{x^2-1}}+4$$
$$=2\cdot2+4=8$$

等号は $4(x^2-1)=\dfrac{1}{x^2-1}$ より

$$(x^2-1)^2=\frac{1}{4},\ x^2-1=\pm\frac{1}{2}$$

$x>1$ より $x^2-1>0$ だから

$x^2-1=\dfrac{1}{2}$ より $x=\sqrt{\dfrac{3}{2}}=\dfrac{\sqrt{6}}{2}$

よって，$x=\dfrac{\sqrt{6}}{2}$ のとき，最小値 8

(3) $9x^2>0$，$16y^2>0$ に（相加）≧（相乗）の関係を適用すると xy がでてくる。

$9x^2>0$，$16y^2>0$ だから
（相加平均）≧（相乗平均）より
$$144=9x^2+16y^2\geqq 2\sqrt{9x^2\cdot16y^2}$$
$$=24xy$$

$\dfrac{144}{24}\geqq xy$ より $xy\leqq 6$

（等号は $9x^2=16y^2$ より $3x=4y$ のとき）

よって，xy の最大値は 6

22 (1) （大きい方）−（小さい方）＝（　）²≧0 を示す。

$$4(x^3+y^3)-(x+y)^3$$
$$=4x^3+4y^3-(x^3+3x^2y+3xy^2+y^3)$$
$$=3(x^3-x^2y-xy^2+y^3)$$
$$=3\{x^2(x-y)-y^2(x-y)\}$$
$$=3(x-y)(x^2-y^2)$$
$$=3(x-y)^2(x+y)\geqq 0$$

よって，$4(x^3+y^3)\geqq(x+y)^3$
等号は $x=y$ のとき

(2) $(\text{左辺})^2-(\text{右辺})^2\geqq0$ を示す。

両辺正だから 2 乗して差をとる。

$(\sqrt{ax+by}\sqrt{x+y})^2-(\sqrt{a}\,x+\sqrt{b}\,y)^2$

$=(ax+by)(x+y)$
$\qquad-(ax^2+2\sqrt{ab}\,xy+by^2)$

$=ax^2+(a+b)xy+by^2$
$\qquad-ax^2-2\sqrt{ab}\,xy-by^2$

$=xy(a-2\sqrt{ab}+b)$

$=xy(\sqrt{a}-\sqrt{b})^2\geqq0$

よって，$(\sqrt{ax+by}\sqrt{x+y})^2$
$\qquad\qquad\geqq(\sqrt{a}\,x+\sqrt{b}\,y)^2$

ゆえに，

$\sqrt{ax+by}\sqrt{x+y}\geqq\sqrt{a}\,x+\sqrt{b}\,y$

等号は $a=b$ のとき

(3) 左辺を展開して，$x+y=1$ を代入。
$1=x+y\geqq2\sqrt{xy}$ の関係式を利用する。

$\left(1+\dfrac{1}{x}\right)\left(1+\dfrac{1}{y}\right)=1+\dfrac{1}{x}+\dfrac{1}{y}+\dfrac{1}{xy}$

$=1+\dfrac{x+y}{xy}+\dfrac{1}{xy}=1+\dfrac{2}{xy}\qquad\cdots\cdots①$

ここで，$x>0$，$y>0$ だから
$(\text{相加平均})\geqq(\text{相乗平均})$ の関係から
$1=x+y\geqq2\sqrt{xy}$（等号は $x=y$ のとき）

よって，$\dfrac{1}{\sqrt{xy}}\geqq2$　より　$\dfrac{1}{xy}\geqq4$

①に代入して

$1+\dfrac{2}{xy}\geqq1+2\cdot4=9$

ゆえに，$\left(1+\dfrac{1}{x}\right)\left(1+\dfrac{1}{y}\right)\geqq9$

等号は $x=y=\dfrac{1}{2}$ のとき

23 x 軸上の点を $(x,\ 0)$ とおく。

x 軸上の点を $(x,\ 0)$ とおくと
$\sqrt{(x+1)^2+2^2}=\sqrt{(x-3)^2+4^2}$
$x^2+2x+5=x^2-6x+25$　より

$x=\dfrac{5}{2}$　よって，$\left(\dfrac{5}{2},\ 0\right)$

24 平行条件 $m=m'$，垂直条件 $mm'=-1$

$2x+3y=1\qquad\cdots\cdots①$

$3x+y=5\qquad\cdots\cdots②$

①，②の交点は
$\quad(2,\ -1)$

直線 $3x+2y=6$
の傾きは $-\dfrac{3}{2}$

$\begin{array}{r} ①-②\times3 \\ \begin{cases}2x+3y=1\\9x+3y=15\end{cases} \\ \hline -7x\qquad=-14\end{array}$

より　$x=2,\ y=-1$

よって，平行な直線は

$y-(-1)=-\dfrac{3}{2}(x-2)$ より

$y=-\dfrac{3}{2}x+2\ (3x+2y-4=0)$

垂直な直線の傾きは

$-\dfrac{3}{2}\cdot m=-1$　より　$m=\dfrac{2}{3}$

よって，$y-(-1)=\dfrac{2}{3}(x-2)$　より

$y=\dfrac{2}{3}x-\dfrac{7}{3}\ (2x-3y-7=0)$

25 2点 B，C を通る直線の方程式を求め，第3の点 A の座標を代入する。

2点 B,C を通る直線の方程式は

$y-3=\dfrac{3-(5-2k)}{5-6}(x-5)$

$y-3=(2-2k)(x-5)$

$y=-(2k-2)x+10k-7$

これが点 $A(k+2,\ 5)$ を通るから

$5=-(2k-2)(k+2)+10k-7$

$5=-2k^2+8k-3$

$k^2-4x+4=0,\ (k-2)^2=0$

よって，$k=2$

別解 直線 AB と AC の傾きが等しいことを利用。

直線 AB の傾きは　$\dfrac{5-(5-2k)}{k+2-6}=\dfrac{2k}{k-4}$

直線 AC の傾きは　$\dfrac{5-3}{k+2-5}=\dfrac{2}{k-3}$

A, B, C が一直線上にあるとき，傾きは
等しいから

$$\frac{2k}{k-4}=\frac{2}{k-3} \quad \text{より} \quad 2k(k-3)=2(k-4)$$

$$k^2-4k+4=0, \quad (k-2)^2=0$$

よって，$k=2$

26 3直線のうちの2直線が平行になるときと 3直線が1点で交わるときのkの値を求める。

3直線を

$$\begin{cases} y=kx+2k+1 & \cdots\cdots① \\ x+y-4=0 & \cdots\cdots② \\ 2x-y+1=0 & \cdots\cdots③ \end{cases}$$

とおくと

①の傾きはk，②の傾きは-1

③の傾きは2だから

$k=-1$，2のとき，平行になり三角形は できない。

①，②，③が1点で交わるときも三角形 はできない。

②，③の交点は $x=1$，$y=3$ だから

これを①に代入して

$$3=k+2k+1 \quad \text{より} \quad k=\frac{2}{3}$$

よって，$k=-1$，2，$\dfrac{2}{3}$

27 (1) 点と直線の距離の公式の利用。

$$x+y-3=0 \quad \cdots\cdots①$$
$$3x-y+7=0 \quad \cdots\cdots②$$

とおいて交点を求めると

$$x=-1, \quad y=4$$

点$(-1, 4)$と$4x-3y+6=0$の距離は

$$\frac{|4\cdot(-1)-3\cdot4+6|}{\sqrt{4^2+(-3)^2}}=\frac{|-10|}{\sqrt{25}}=2$$

(2) 点$(2, 1)$と直線$kx+y+1=0$の 距離が$\sqrt{3}$だから

$$\frac{|k\cdot2+1+1|}{\sqrt{k^2+1^2}}=\frac{|2k+2|}{\sqrt{k^2+1}}=\sqrt{3}$$

$|2k+2|=\sqrt{3}\sqrt{k^2+1}$ の両辺を

2乗して

$$4k^2+8k+4=3k^2+3$$
$$k^2+8k+1=0$$

よって，$k=-4\pm\sqrt{15}$

(3) 放物線上の点Pの座標を$P(t, t^2+1)$ とおく。

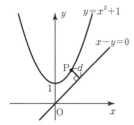

放物線上の点Pを$P(t, t^2+1)$，Pと 直線$x-y=0$の距離をdとすると

$$d=\frac{|t-(t^2+1)|}{\sqrt{1^2+(-1)^2}}=\frac{|t^2-t+1|}{\sqrt{2}}$$

$$=\frac{1}{\sqrt{2}}\left|\left(t-\frac{1}{2}\right)^2+\frac{3}{4}\right|$$

$t=\dfrac{1}{2}$のときdは最小値$\dfrac{3}{4\sqrt{2}}$をとる。

よって，

$P\left(\dfrac{1}{2}, \dfrac{5}{4}\right)$のとき最小値$\dfrac{3\sqrt{2}}{8}$

28 △ABCの底辺をBC，AからBCに下ろし た垂線を高さとして面積を求める。

$$3x-2y+4=0 \quad \cdots\cdots①$$
$$x+4y+6=0 \quad \cdots\cdots②$$
$$2x+y-2=0 \quad \cdots\cdots③$$

①，②の交点は

①×2+② より $7x+14=0$

$x=-2$，$y=-1$，$A(-2, -1)$

②，③の交点は

②$-$③×4 より $-7x+14=0$

$x=2$，$y=-2$，$B(2, -2)$

③と①の交点は

①+③×2 より $7x=0$

$x=0$，$y=2$，$C(0, 2)$

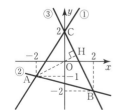

図において
$$BC=\sqrt{(0-2)^2+(2+2)^2}=\sqrt{20}=2\sqrt{5}$$
$$AH=\frac{|2\cdot(-2)+1\cdot(-1)-2|}{\sqrt{2^2+1^2}}$$
$$=\frac{|-7|}{\sqrt{5}}=\frac{7}{\sqrt{5}}$$

よって，$\triangle ABC=\frac{1}{2}\cdot BC\cdot AH$
$$=\frac{1}{2}\cdot 2\sqrt{5}\cdot\frac{7}{\sqrt{5}}=7$$

別解 ベクトルでの面積の公式
$$S=\frac{1}{2}\sqrt{|\overrightarrow{AB}|^2|\overrightarrow{AC}|^2-(\overrightarrow{AB}\cdot\overrightarrow{AC})^2}$$
を利用する。

$\overrightarrow{AB}=(4,\ -1),\ \overrightarrow{AC}=(2,\ 3)$ だから
$$|\overrightarrow{AB}|=\sqrt{4^2+(-1)^2}=\sqrt{17}$$
$$|\overrightarrow{AC}|=\sqrt{2^2+3^2}=\sqrt{13}$$
$$\overrightarrow{AB}\cdot\overrightarrow{AC}=4\times 2+(-1)\times 3=5$$
よって，$S=\frac{1}{2}\sqrt{17\times 13-5^2}=\frac{1}{2}\times 14=7$

別解 $\overrightarrow{AB}=(x_1,\ y_1),\ \overrightarrow{AC}=(x_2,\ y_2)$ のとき
$S=\frac{1}{2}|x_1y_2-x_2y_1|$ の公式を利用する。

$$S=\frac{1}{2}|4\times 3-(-1)\times 2|=\frac{1}{2}\times 14=7$$

29 x の2次方程式とみて $D_1=0$，次に，$D_1=0$ を y の2次方程式とみて $D_2=0$ とする。

$$x^2-xy-6y^2+2x+ky-3=0$$
$$x^2-(y-2)x-6y^2+ky-3=0$$
x の2次式とみて判別式 D_1 をとると
$$D_1=(y-2)^2-4(-6y^2+ky-3)$$
$$=25y^2-(4k+4)y+16$$
$D_1=0$ を y の2次方程式とみて判別式 D_2 をとり，$D_2=0$ とする。
$$D_2/4=(2k+2)^2-25\cdot 16=0$$
$$(k+1)^2-100=0$$
$$(k-9)(k+11)=0$$
$$k=9,\ -11$$
$k_1<k_2$ より $k_1=\mathbf{-11},\ k_2=\mathbf{9}$

$k=-11$ のとき
$$x^2-(y-2)x-6y^2-11y-3=0$$
$$x^2-(y-2)x-(2y+3)(3y+1)=0$$

$$
\begin{array}{ccc}
1 & \diagdown & -(3y+1) \cdots -3y-1 \\
1 & \diagup & 2y+3 \ \cdots\ 2y+3 \\
\hline
 & & -y+2
\end{array}
$$

$$(x-3y-1)(x+2y+3)=0$$
よって，2直線は
$$x-3y-1=0,\ x+2y+3=0$$

30 対称な点を $Q(p,\ q)$ として $PQ\perp l$，PQ の中点が l 上にある条件から求める。

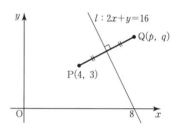

点 P と対称な点を $Q(p,\ q)$ とする。
直線 $2x+y=16$ の傾きは -2 で線分 PQ は直線に垂直だから
$$\frac{q-3}{p-4}\cdot(-2)=-1 \ \text{より}$$
$$p-2q=-2 \ \cdots\cdots①$$
線分 AB の中点 $\left(\dfrac{p+4}{2},\ \dfrac{q+3}{2}\right)$ は直線 $2x+y=16$ 上にあるから
$$2\cdot\frac{p+4}{2}+\frac{q+3}{2}=16 \ \text{より}$$
$$2p+q=21 \ \cdots\cdots②$$
①，②を解いて $p=8,\ q=5$
よって，対称な点の座標は $(8,\ 5)$

別解 点 P を通り，l と垂直な直線と l との交点は，線分 PQ の中点。

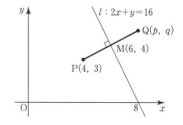

直線 PQ は点 P を通り，l に垂直だから

$y-3=\dfrac{1}{2}(x-4)$ より $y=\dfrac{1}{2}x+1$

直線 PQ と l の交点を M とすると

$2x+y=16$ と $y=\dfrac{1}{2}x+1$

を連立させて，$x=6$，$y=4$

よって，M(6, 4)

線分 PQ の中点が M だから

$\dfrac{p+4}{2}=6$，$\dfrac{q+3}{2}=4$

これより，$p=8$，$q=5$

ゆえに，対称点の座標は **(8, 5)**

---

31 (A)k+(B)=0 と変形し，k の恒等式とみて A=0，B=0 の連立方程式を解く。

$(k+1)x+(k-1)y-2k=0$

$(x+y-2)k+(x-y)=0$

k についての恒等式とみて

$x+y-2=0$ …①

$x-y=0$ …②

①，②を解いて $x=1$，$y=1$

よって，定点は **(1, 1)**

---

32 2等分線上の点を P(x, y) として，P と2直線までの距離を等しくおく。

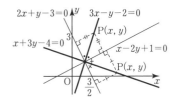

求める直線上の点を P(x, y) とすると，P から2直線 $2x+y-3=0$，$x-2y+1=0$ までの距離は等しいから

$\dfrac{|2x+y-3|}{\sqrt{2^2+1^2}}=\dfrac{|x-2y+1|}{\sqrt{1^2+(-2)^2}}$

$|2x+y-3|=|x-2y+1|$

$2x+y-3=\pm(x-2y+1)$

$2x+y-3=x-2y+1$

より $x+3y-4=0$

$2x+y-3=-x+2y-1$

より **$3x-y-2=0$**

---

33 円の中心を $(t, 3t-1)$ とおく。

円の中心を $(t, 3t-1)$ とおくと，円の方程式は

$(x-t)^2+(y-3t+1)^2=r^2$

と表せる。

$(4, -2)$，$(1, -3)$ を通るから

$(4-t)^2+(-2-3t+1)^2=r^2$

$10t^2-2t+17=r^2$ ……①

$(1-t)^2+(-3-3t+1)^2=r^2$

$10t^2+10t+5=r^2$ ……②

①－②より $-12t+12=0$

$t=1$，このとき $r^2=25$

よって，$(x-1)^2+(y-2)^2=25$ より

$x^2+y^2-2x-4y-20=0$

別解

円の中心と2点 A，B までの距離が等しいから

$(t-4)^2+(3t+1)^2=(t-1)^2+(3t+2)^2$

$t^2-8t+16+9t^2+6t+1$

$\qquad =t^2-2t+1+9t^2+12t+4$

$-12t=-12$ より $t=1$

円の中心は(1, 2)だから，半径は

$\sqrt{(1-4)^2+(2+2)^2}=\sqrt{25}=5$

よって，$(x-1)^2+(y-2)^2=25$ より

$x^2+y^2-2x-4y-20=0$

別解 円の中心は，線分（弦）AB の垂直2等分線上にあることを利用する。

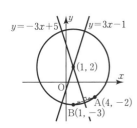

2点 A，B を通る円の中心は，線分 AB
の垂直2等分線上にある。その方程式は

直線 AB の傾きは $\dfrac{-2-(-3)}{4-1}=\dfrac{1}{3}$

だから

垂直2等分線は傾きが -3

AB の中点 $\left(\dfrac{5}{2},\ -\dfrac{5}{2}\right)$ だから

AB の垂直2等分線の方程式は

$$y-\left(-\dfrac{5}{2}\right)=-3\left(x-\dfrac{5}{2}\right)$$

$$y=-3x+5$$

これと直線 $y=3x-1$ との交点は

$$x=1,\ y=2$$

よって，中心は $(1,\ 2)$

半径は $\sqrt{(4-1)^2+(-2-2)^2}=\sqrt{25}=5$

ゆえに，$(x-1)^2+(y-2)^2=25$ より

$$x^2+y^2-2x-4y-20=0$$

34 (1) 直線 $y=2x+n$ と円の中心 $(0,\ 0)$ との
距離が半径と等しいとおく。

円の中心 $(0,0)$ から直線 $2x-y+n=0$
までの距離が半径だから

$$\dfrac{|2\cdot0-0+n|}{\sqrt{2^2+(-1)^2}}=\sqrt{5}$$

$$|n|=5\quad より\quad n=\pm5$$

よって，$y=2x\pm5$

別解 $y=2x+n$ と $x^2+y^2=5$ を連立して，
判別式を利用する。

$y=2x+n$ を $x^2+y^2=5$ に代入して

$$x^2+(2x+n)^2=5$$

$$5x^2+4nx+n^2-5=0$$

接する条件は $D=0$ だから

$$D/4=(2n)^2-5(n^2-5)=0$$

$$n^2-25=0\quad より\quad n=\pm5$$

よって，$y=2x\pm5$

(2) 直線を $y=m(x-7)+1$ とおいて，点
と直線の距離の公式を利用。

点 $(7,\ 1)$ を通る傾き m の直線の
方程式は

$$y=m(x-7)+1$$

$$mx-y-7m+1=0\quad \cdots\cdots①$$

円の半径は，中心 $(0,\ 0)$ から直線①
までの距離だから

$$\dfrac{|m\cdot0-0-7m+1|}{\sqrt{m^2+(-1)^2}}=5$$

$$|-7m+1|=5\sqrt{m^2+1}$$

両辺を2乗して

$$49m^2-14m+1=25(m^2+1)$$

$$24m^2-14m-24=0$$

$$12m^2-7m-12=0$$

$$(3m-4)(4m+3)=0$$

よって，$m=\dfrac{4}{3},\ -\dfrac{3}{4}$

①に代入して，$y=\dfrac{4}{3}x-\dfrac{25}{3}$

$$y=-\dfrac{3}{4}x+\dfrac{25}{4}$$

別解 接点を $(x_1,\ y_1)$ とおいて，接線の公式
から $x_1,\ y_1$ についての連立方程式
をつくる。

接点を $(x_1,\ y_1)$ とおくと

$$x_1{}^2+y_1{}^2=25\quad \cdots\cdots①$$

接線の方程式は

$$x_1x+y_1y=25\quad \cdots\cdots②$$

これが点 $(7,\ 1)$ を通るから

$$7x_1+y_1=25\quad \cdots\cdots③$$

③を $y_1=25-7x_1$ として①に代入。

$$x_1{}^2+(25-7x_1)^2=25$$

$$50x_1{}^2-350x_1+600=0$$

$$x_1{}^2-7x_1+12=0$$

$$(x_1-3)(x_1-4)=0\quad より\quad x_1=3,\ 4$$

③に代入して

$x_1=3$ のとき $y_1=4$

$x_1=4$ のとき $y_1=-3$

②に代入して

$$3x+4y=25,\ 4x-3y=25$$

(3) 直線を $y=m(x-3)+1$ とおいて点と
直線の距離の公式を利用。

$x^2+y^2-2x+6y=0$ より

$$(x-1)^2+(y+3)^2=10$$

中心 $(1,\ -3)$，半径 $\sqrt{10}$ の円である。

点 $(3,\ -1)$ を通り傾き m の直線の

方程式は
$$y=m(x-3)+1$$
$$mx-y-3m+1=0 \quad \cdots\cdots①$$
円の半径は中心 $(1, -3)$ から直線①
までの距離だから，
$$\frac{|m\cdot1-(-3)-3m+1|}{\sqrt{m^2+(-1)^2}}=\sqrt{10}$$
$$|-2m+4|=\sqrt{10(m^2+1)}$$
両辺を2乗して
$$4m^2-16m+16=10(m^2+1)$$
$$3m^2+8m-3=0$$
$$(3m-1)(m+3)=0$$
$$m=\frac{1}{3}, \quad -3$$

①に代入して $y=\frac{1}{3}(x-3)+1$，
$$y=-3(x-3)+1$$
よって，$y=\dfrac{1}{3}x, \quad y=-3x+10$

35 円の標準形 $(x-a)^2+(y-b)^2=r^2$ に変形する。

$$x^2+y^2-6x-2y+a=0$$
$$(x-3)^2+(y-1)^2=10-a \quad より$$
円を表すのは $10-a>0$ のときである。
よって，$a<10$

36 円の中心と接点を結び三平方の定理を利用。

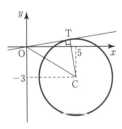

$$x^2+y^2-10x+6y+20=0 \quad より$$
$$(x-5)^2+(y+3)^2=14$$
よって，半径は $\sqrt{14}$
円の中心をCとすると，△OCTは直角
三角形だから
$$OC^2=OT^2+CT^2$$
$$5^2+(-3)^2=OT^2+14$$

$$OT^2=20$$
$$OT>0 \quad より，OT=\sqrt{20}=2\sqrt{5}$$

37 (1) 定点と円の中心までの距離で考える。

$$x^2-2x+y^2-2y-18=0$$
$$(x-1)^2+(y-1)^2=20$$

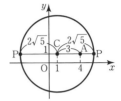

円の中心を $C(1, 1)$ とすると
$AC=3$ で，円の半径は $\sqrt{20}=2\sqrt{5}$
よって，AP の最小値は $2\sqrt{5}-3$
最大値は $2\sqrt{5}+3$

(2) 円の中心と直線までの距離で考える。
Pの座標は，円の中心を通り直線
$y=x-5$ に垂直な直線と円の交点から
求める。

$$x^2+y^2-6x-4y+11=0$$
$$(x-3)^2+(y-2)^2=2$$
円の中心を $C(3, 2)$ とすると

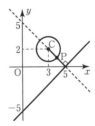

円の中心 $C(3, 2)$ と直線 $x-y-5=0$
の距離は
$$\frac{|3-2-5|}{\sqrt{1^2+(-1)^2}}=\frac{|-4|}{\sqrt{2}}=2\sqrt{2}$$
よって，最小値は $2\sqrt{2}-\sqrt{2}=\sqrt{2}$
円の中心 $C(3, 2)$ を通り，直線
$y=x-5$ に垂直な直線の方程式は，傾き
きが -1 だから
$$y-2=-(x-3) \quad より \quad y=-x+5$$

円 $x^2+y^2-6x-4y+11=0$ との交点
P は
$$x^2+(-x+5)^2-6x-4(-x+5)$$
$$+11=0$$
$$2x^2-12x+16=0, \quad x^2-6x+8=0$$
$$(x-2)(x-4)=0 \quad \text{より} \quad x=2, \ 4$$
上の図より $x=4$ であり，このとき
$y=1$
よって，$P(4, \ 1)$

38 (1) 直線と放物線の交点 $x=\alpha, \ \beta$ を求めて
$\sqrt{1+m^2}|\beta-\alpha|$ で長さを求める。

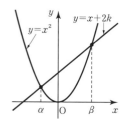

放物線 $y=x^2$ と直線 $y=x+2k$ の
交点の x 座標は
$$x^2=x+2k \quad \text{より}$$
$$x^2-x-2k=0$$
$$x=\frac{1\pm\sqrt{1+8k}}{2} \quad \left(\text{ただし，} k\geqq-\frac{1}{8}\right)$$
$$\alpha=\frac{1-\sqrt{1+8k}}{2}, \quad \beta=\frac{1+\sqrt{1+8k}}{2}$$
とおくと，切り取られる線分の長さは
$$\sqrt{1+1^2}|\beta-\alpha|=\sqrt{2}\sqrt{1+8k}$$
$$=\sqrt{2+16k}$$
$2\leqq\sqrt{2+16k}\leqq4$ だから，2 乗して
$$4\leqq2+16k\leqq16$$
よって，$\dfrac{1}{8}\leqq k\leqq\dfrac{7}{8}$

$$\left(k\geqq-\frac{1}{8} \text{ を満たす}\right)$$

別解 解と係数の関係を利用して $|\beta-\alpha|$
を求める。

$x^2-x-2k=0$ の 2 つの解を $\alpha, \ \beta$ と
すると，解と係数の関係より

$$\alpha+\beta=1, \quad \alpha\beta=-2k$$
$$(\beta-\alpha)^2=(\alpha+\beta)^2-4\alpha\beta$$
$$=1^2-4\cdot(-2k)$$
$$=1+8k$$
よって $|\beta-\alpha|=\sqrt{1+8k} \quad \left(k\geqq-\dfrac{1}{8}\right)$
以下同様。

別解 交点の座標を $(\alpha, \ \alpha+2k)$, $(\beta, \ \beta+2k)$ とおいて求める。

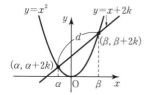

交点は直線 $y=x+2k$ 上の点だから，
$(\alpha, \ \alpha+2k)$, $(\beta, \ \beta+2k)$ とおくと，
$$d=\sqrt{(\beta-\alpha)^2+(\beta+2k-\alpha-2k)^2}$$
$$=\sqrt{2(\beta-\alpha)^2}=\sqrt{2}|\beta-\alpha|$$
として求めることもできる。
(2) ① $x^2+y^2-2y=0$ より
$$x^2+(y-1)^2=1$$
円の中心は $(0, \ 1)$ で，半径は 1 である。

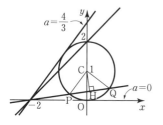

図のように円の中心を C，C から直線
$ax-y+2a=0$ に垂線 CH を引くと，
P，Q で交わるには
$$\text{CH}=\frac{|a\cdot0-1+2a|}{\sqrt{a^2+(-1)^2}}$$
$$=\frac{|2a-1|}{\sqrt{a^2+1}}<1$$
$$|2a-1|<\sqrt{a^2+1}$$
両辺を 2 乗して

$4a^2-4a+1<a^2+1$

$a(3a-4)<0$

よって，$0<a<\dfrac{4}{3}$

② PQ$=\sqrt{2}$ だから PH$=\dfrac{\sqrt{2}}{2}$

CP$^2=$CH$^2+$PH^2 より

CH$^2=1-\left(\dfrac{\sqrt{2}}{2}\right)^2=\dfrac{1}{2}$

CH>0 より CH$=\dfrac{\sqrt{2}}{2}$ よって，

$\dfrac{|2a-1|}{\sqrt{a^2+1}}=\dfrac{\sqrt{2}}{2}$

$\sqrt{2}\,|2a-1|=\sqrt{a^2+1}$

両辺を 2 乗して

$2(4a^2-4a+1)=a^2+1$

$7a^2-8a+1=0$

$(a-1)(7a-1)=0$

ゆえに，$a=1,\ \dfrac{1}{7}$

$\left(0<a<\dfrac{4}{3}\ を満たす。\right)$

39 (1) $\boxed{(ax+by+c)+k(a'x+b'y+c')=0}$
とおく。

求める直線は

$(2x-y-1)+k(3x+2y-3)=0$ …①
とおける。

$(-1,\ 1)$ を通るから

$(-2-1-1)+k(-3+2-3)=0$

$-4-4k=0$ より $k=-1$

①に代入して

$(2x-y-1)-(3x+2y-3)=0$

よって，$x+3y-2=0$

(2) $\boxed{(x^2+y^2+\cdots\cdots)+k(x^2+y^2+\cdots\cdots)=0}$
とおく。

円と円の交点を通る曲線（含直線）は

$(x^2+y^2+3x-y-5)$
$+k(x^2+y^2+x+y-3)=0$ ……①
とおける。

$(-3,\ 1)$ を通るから①に代入して

$(9+1-9-1-5)$
$+k(9+1-3+1-3)=0$

$-5+5k=0$ より $k=1$

①に代入して

$(x^2+y^2+3x-y-5)$
$+(x^2+y^2+x+y-3)=0$

$x^2+y^2+2x-4=0$

$(x+1)^2+y^2=5$

よって，中心は $(-1,\ 0)$，半径は $\sqrt{5}$

40 平行移動した方程式は $x\to x-1,\ y\to y-2$
として与式に代入する。

x 軸の正の方向に 1，y 軸の正の方向
に 2 だけ平行移動した式は，与式に
$x\to x-1,\ y\to y-2$ として代入して

$y-2=(x-1)^2+a(x-1)+3$

これが点 $(2,\ 5)$ を通るから

$5-2=(2-1)^2+a(2-1)+3$

よって，$a=-1$

別解 点 $(2,\ 5)$ を移動させて考える。

関数 $y=x^2+ax+3$ のグラフは点
$(2,\ 5)$ を x 軸方向に -1，y 軸方向に -2
だけ平行移動した点 $(1,\ 3)$ を通るから

$3=1+a+3$ より $a=-1$

41 頂点を $(x,\ y)$ とおき，$x,\ y$ を m で表し，
m を消去して $x,\ y$ の関係式を求める。

$y=x^2-2(m-1)x+2m^2-m$

$y=\{x-(m-1)\}^2-(m-1)^2$
$+2m^2-m$

$=(x-m+1)^2+m^2+m-1$

と変形。頂点を $(x,\ y)$ とすると

$x=m-1,\ y=m^2+m-1$

$m=x+1$ として y に代入して m を消去
すると

$y=(x+1)^2+(x+1)-1$

$=x^2+3x+1$

よって，放物線 $y=x^2+3x+1$

42 (1) 動点 P(s, t), 定点 A$(2, -3)$, 軌跡 Q(x, y) の関係式をつくる。そこから s, t を消去して x, y の関係式を導く。

$$y = x^2 - 2x$$

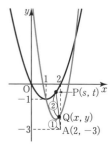

放物線上の動点を P(s, t), 線分 AP を $1:2$ に内分する点を Q(x, y) とすると, P は放物線上にあるから

$$t = s^2 - 2s \quad \cdots\cdots ①$$

内分点 Q の座標は

$$x = \frac{2 \cdot 2 + 1 \cdot s}{1 + 2} = \frac{s + 4}{3}$$

$$y = \frac{2 \cdot (-3) + 1 \cdot t}{1 + 2} = \frac{t - 6}{3}$$

$$s = 3x - 4, \quad t = 3y + 6$$

として①に代入すると

$$3y + 6 = (3x - 4)^2 - 2(3x - 4)$$
$$3y = 9x^2 - 30x + 18$$

よって, $y = 3x^2 - 10x + 6$

(2) 動点 P(s, t), 重心 G(x, y), 定点 A$(6, 0)$ B$(3, 3)$ の関係式をつくる。そこから s, t を消去して x, y の関係式を導く。

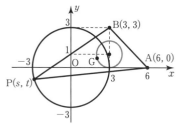

円周上の動点を P(s, t), 重心を G(x, y) とすると

P が円周上にあるから

$$s^2 + t^2 = 9 \quad \cdots\cdots ①$$

重心 G の座標は

$$x = \frac{6 + 3 + s}{3} = \frac{9 + s}{3}$$

$$y = \frac{0 + 3 + t}{3} = \frac{3 + t}{3}$$

$$s = 3x - 9, \quad t = 3y - 3$$

として①に代入すると ← 両辺を9で割る

$$(3x - 9)^2 + (3y - 3)^2 = 9$$

よって, 円 $(x - 3)^2 + (y - 1)^2 = 1$

43 (1) 異なる2点で交わる $\Longrightarrow D > 0$

$y = mx$ と $y = x^2 + 1$ を連立させて

$$x^2 + 1 = mx$$
$$x^2 - mx + 1 = 0 \quad \cdots\cdots ①$$

①が異なる2つの実数解をもつ条件は

$$D = (-m)^2 - 4 = (m + 2)(m - 2) > 0$$

よって, $m < -2, \ 2 < m$

(2) 中点を M(x, y) とし, x 座標は解と係数の関係を利用して求める。

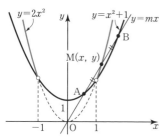

①の2つの実数解を α, β, 線分 AB の中点を M(x, y) とすると, 解と係数の関係より

$\alpha + \beta = m$ だから

$$\begin{cases} x = \dfrac{\alpha + \beta}{2} = \dfrac{m}{2} & \cdots\cdots ② \\ y = mx & \cdots\cdots ③ \end{cases} \quad \text{と表せる。}$$

②より $m = 2x$ を③に代入して m を消去すると

$$y = 2x^2$$

ただし, (1)より $m < -2, \ 2 < m$ だから $x < -1, \ 1 < x$

よって
放物線 $y=2x^2$ $(x<-1,\ 1<x)$

44 ①，②の式から m を消去する。①より $x \neq 0$ のときと $x=0$ の場合に分ける。

$mx-y=0$ ……①
$x+my-m-2=0$ ……②

(i) ①より $x \neq 0$ のとき

$m=\dfrac{y}{x}$ として②に代入

$x+\dfrac{y}{x}\cdot y-\dfrac{y}{x}-2=0$

$x^2+y^2-2x-y=0$

ただし，$x=0$ のとき $y^2-y=0$ より
$y=0$，1 すなわち 2 点 $(0,\ 0)$，$(0,\ 1)$
は除く。

(ii) $x=0$ のとき

①は $m\cdot0-y=0$ より $y=0$ で成り立つ。

②は $my-m-2=0$，$m(y-1)=2$ より $y=1$ のとき $m\cdot0=2$ で成り立たない。

したがって，点 $(0,\ 1)$ は除く。

よって，P の軌跡は

$(x-1)^2+\left(y-\dfrac{1}{2}\right)^2=\dfrac{5}{4}$

から点 $(0,\ 1)$ を除いたもの。

45 2 点 A，B が直線 $y=(b-a)x-(3b+a)$ の両側にある条件を求める。

2 点 A$(-1,\ 5)$，B$(2,\ -1)$ が直線
$y=(b-a)x-(3b+a)$ の両側（直線上を含む）にあればよいから

$\begin{cases} 5 \geqq -(b-a)-(3b+a) \\ -1 \leqq 2(b-a)-(3b+a) \end{cases}$ ……①

または

$\begin{cases} 5 \leqq -(b-a)-(3b+a) \\ -1 \geqq 2(b-a)-(3b+a) \end{cases}$ ……②

①より $\begin{cases} 4b+5 \geqq 0 \\ 3a+b-1 \leqq 0 \end{cases}$

②より $\begin{cases} 4b+5 \leqq 0 \\ 3a+b-1 \geqq 0 \end{cases}$

この領域を図示すると図の斜線部分（境界を含む）。

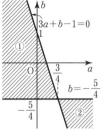

別解 点 $(p,\ q)$，$(s,\ t)$ が曲線 $f(x,\ y)=0$ の両側にあるとき，
$f(p,\ q)\cdot f(s,\ t) \leqq 0$

2 点 A$(-1,\ 5)$，B$(2,\ -1)$ が直線
$(b-a)x-y-(3b+a)=0$
の両側（直線上を含む）にある条件は

$\{-(b-a)-5-3b-a\}$
$\qquad\qquad \{2(b-a)+1-3b-a\} \leqq 0$

$(-4b-5)(-3a-b+1) \leqq 0$

$(4b+5)(3a+b-1) \leqq 0$

これを図示すると上図の①，②の部分になる。

46 $(x^2-y-1)(x-y+1)(y-1)=0$ となる境界をかいて，境界線上にない1点を代入する。

境界は

$x^2-y-1=0$ （$y=x^2-1$）

$x-y+1=0$ （$y=x+1$）

$y-1=0$ （$y=1$）

境界線で分けられた領域内の1つの点 $(0, 0)$ を代入すると，与式は

$(0-0-1)(0-0+1)(0-1)=1>0$

となり，成り立たないから，点 $(0, 0)$ を含む領域はすべて成り立たない。

　不等式を満たす領域は交互に現れるから，下図の斜線部分。ただし，境界は含まない。

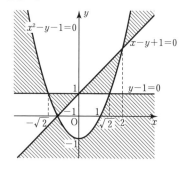

47 与えられた領域をかき $2x+y=k$，$x^2+y^2=k$ とおいて，直線の切片と円の半径で考える。

$4x+y\leqq 9$ （$y\leqq -4x+9$）　……①

$x+2y\geqq 4$ （$y\geqq -\dfrac{1}{2}x+2$）　……②

$2x-3y\geqq -6$ （$y\leqq \dfrac{2}{3}x+2$）　……③

の表す領域は下図の境界を含む斜線部分。

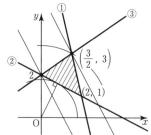

$2x+y=k$ とおいて，$y=-2x+k$ と変形。

これは，傾き -2 で，k の値によって，上下に平行移動する直線を表すから

k の最大値は①と③の交点 $\left(\dfrac{3}{2}, 3\right)$ を通るとき

$k=2\cdot\dfrac{3}{2}+3=6$

最小値は②，③の交点 $(0, 2)$ を通るとき

$k=2\cdot 0+2=2$

よって，$2x+y$ は

　最大値 6，最小値 2

また，$x^2+y^2=k$ とおくと，これは原点を中心として，半径 $\sqrt{k}$ の円を表すから

最大値は①と③の交点 $\left(\dfrac{3}{2}, 3\right)$ を通るとき

$$k=\left(\dfrac{3}{2}\right)^2+3^2=\dfrac{45}{4}$$

最小値は円が直線② $x+2y-4=0$ と接するとき

$$\sqrt{k}=\dfrac{|0+2\cdot 0-4|}{\sqrt{1^2+2^2}}=\dfrac{4}{\sqrt{5}}$$ より

$$k=\dfrac{16}{5}$$

よって，x^2+y^2 は

　最大値 $\dfrac{45}{4}$，最小値 $\dfrac{16}{5}$

$\left(\begin{array}{l}\text{最小値をとるときの座標は}\\ y=2x \text{（原点を通り，②に垂直な}\\ \text{直線）と② } x+2y=4 \text{ の交点で}\\ x+2\cdot 2x=4 \text{ より } x=\dfrac{4}{5}, y=\dfrac{8}{5}\end{array}\right)$

48

$x-y-4\leqq 0$ （$y\geqq x-4$）と

$x^2+y^2-4x+6y\leqq 0$ すなわち

$(x-2)^2+(y+3)^2\leqq 13$

の表す領域 A は下図の斜線部分。

ただし，境界を含む。

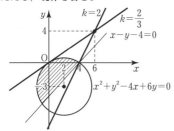

$\dfrac{y-4}{x-6}=k$ とおき，分母を払うと

$\quad y-4=k(x-6)$ ……①

①は点 $(6, 4)$ を通り，傾き k の直線を表す。

k が最大となるのは①が点 $(4, 0)$ を通るときで $k=\dfrac{0-4}{4-6}=2$

k が最小となるのは①と円が接するときで，直線 $kx-y-6k+4=0$ と，円の中心 $(2, -3)$ との距離が $\sqrt{13}$ のときである。

$\dfrac{|2k+3-6k+4|}{\sqrt{k^2+(-1)^2}}=\sqrt{13}$

$|7-4k|=\sqrt{13}\sqrt{k^2+1}$

両辺を2乗して

$16k^2-56k+49=13k^2+13$

$3k^2-56k+36=0$

$(k-18)(3k-2)=0$

$\quad k-18,\ \dfrac{2}{3}$

図より傾きを考えて，$k=\dfrac{2}{3}$

（$k=18$ は領域外の接線のとき）

よって，最大値 **2**，最小値 $\dfrac{2}{3}$

49 (1)

$|x-2|+|y-2|\leqq 2$

(i) $x\geqq 2,\ y\geqq 2$ のとき

$x-2+y-2\leqq 2$ より $y\leqq -x+6$

(ii) $x\geqq 2,\ y<2$ のとき

$x-2-(y-2)\leqq 2$ より $y\geqq x-2$

(iii) $x<2,\ y\geqq 2$ のとき

$-(x-2)+y-2\leqq 2$ より $y\leqq x+2$

(iv) $x<2,\ y<2$ のとき

$-(x-2)-(y-2)\leqq 2$ より

$\quad y\geqq -x+2$

(i)〜(iv)を図示すると，下図の斜線部分。

ただし，境界を含む。

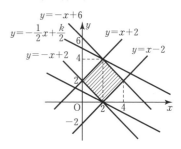

(2)

$x+2y=k$ とおいて $y=-\dfrac{1}{2}x+\dfrac{k}{2}$

と変形。

これは，傾き $-\dfrac{1}{2}$，k の値によって

上下に平行移動する直線を表すから

最大値は点 $(2, 4)$ を通るとき

$\quad k=2+2\cdot 4=10$

最小値は点 $(2, 0)$ を通るとき

$\quad k=2+2\cdot 0=2$

よって，最大値 **10**，最小値 **2**

50 (1)

$l_a : y=2ax-a^2$ が $(2, -5)$ を通るから

$\quad -5=4a-a^2$

$(a+1)(a-5)=0$

よって，$a=-1$，5

(2) 点 $(3, 10)$ を代入して，a についての判別式を考える。

$(3, 10)$ を l_a に代入して

$10=6a-a^2$

$a^2-6a+10=0$ ……①とする。

a の2次方程式とみて①の判別式を D とすると

$D/4=9-10=-1<0$

よって，①は実数解をもたないからどんな a を選んでも l_a は点 $(3, 10)$ は通らない。

(3) a の2次方程式とみて，a が実数解をもつ条件 $D \geqq 0$ （通過領域）をとる。

$a^2-2xa+y=0$ と変形し，a の2次方程式とみて，この判別式を D とすると

$D/4=x^2-y \geqq 0$ より $y \leqq x^2$

よって，領域 S は $y \leqq x^2$ を満たす下図の斜線部分。ただし，境界を含む。

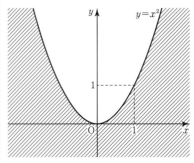

51 $y=x^2+ax+b$ とおいて，グラフが $-1<x<2$ の範囲で交わる条件を a，b で表す。

$y=x^2+ax+b$ とおくと，このグラフが右図のようになればよい。

$D=a^2-4b>0$

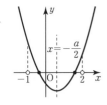

より $b<\dfrac{1}{4}a^2$ …①

軸は $x=-\dfrac{a}{2}$ より

$-1<-\dfrac{a}{2}<2$

$-4<a<2$ ……②

$x=-1$ のとき $y=1-a+b>0$

$b>a-1$ ……③

$x=2$ のとき $y=4+2a+b>0$

$b>-2a-4$ ……④

①～④が同時に成り立つときだから a，b の満たす関係式は

$b<\dfrac{1}{4}a^2$，$-4<a<2$

$b>a-1$，$b>-2a-4$

これを図示すると，下図の斜線部分。ただし，境界を含まない。

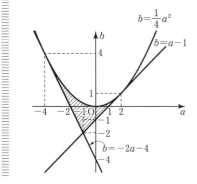

52 (1) $\pi<\theta<2\pi$ に注意して2倍角，半角の公式を利用。

$\pi<\theta<2\pi$ より $\sin\theta<0$ だから

$\sin\theta=-\sqrt{1-\cos^2\theta}$

$=-\sqrt{1-\left(\dfrac{1}{5}\right)^2}$

$=-\sqrt{\dfrac{24}{25}}=-\dfrac{2\sqrt{6}}{5}$ より

$\sin2\theta=2\sin\theta\cos\theta$

$=2\left(-\dfrac{2\sqrt{6}}{5}\right)\cdot\dfrac{1}{5}$

$=-\dfrac{4\sqrt{6}}{25}$

$$\cos^2\frac{\theta}{2}=\frac{1+\cos\theta}{2}=\frac{1}{2}\left(1+\frac{1}{5}\right)=\frac{3}{5}$$

$\pi<\theta<2\pi$ より

$\dfrac{\pi}{2}<\dfrac{\theta}{2}<\pi$ だから $\cos\dfrac{\theta}{2}<0$

よって $\cos\dfrac{\theta}{2}=-\sqrt{\dfrac{3}{5}}=-\dfrac{\sqrt{15}}{5}$

(2) **2倍角の公式を利用。2αをαに統一。sinα, sinβを求めて加法定理の利用。**

$$\sin2\alpha=\frac{1}{3}\sin\alpha$$

$$2\sin\alpha\cos\alpha=\frac{1}{3}\sin\alpha$$

$$\sin\alpha(6\cos\alpha-1)=0$$

$0°<\alpha<90°$ より

$\sin\alpha>0,\ \cos\alpha>0$

よって，$\cos\alpha=\dfrac{1}{6}$

$$\sin\alpha=\sqrt{1-\cos^2\alpha}=\sqrt{1-\left(\frac{1}{6}\right)^2}$$
$$=\frac{\sqrt{35}}{6}$$

$\cos2\beta=\dfrac{1}{6}\cos\beta$ より

$$2\cos^2\beta-1=\frac{1}{6}\cos\beta$$

$$12\cos^2\beta-\cos\beta-6=0$$

$$(3\cos\beta+2)(4\cos\beta-3)=0$$

$0°<\beta<90°$ より

$\cos\beta>0,\ \sin\beta>0$

よって，$\cos\beta=\dfrac{3}{4}$

$$\sin\beta=\sqrt{1-\cos^2\beta}=\sqrt{1-\left(\frac{3}{4}\right)^2}$$
$$=\frac{\sqrt{7}}{4}$$

$$\cos(\alpha+\beta)=\cos\alpha\cos\beta$$
$$\qquad\qquad-\sin\alpha\sin\beta$$
$$=\frac{1}{6}\cdot\frac{3}{4}-\frac{\sqrt{35}}{6}\cdot\frac{\sqrt{7}}{4}$$
$$=\frac{3-7\sqrt{5}}{24}$$

(3) **$\tan\alpha=\dfrac{1}{3}$, $\tan\beta=2$ として，$\tan(\beta-\alpha)$ の値を求める。**

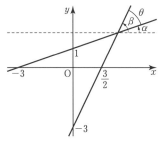

$\tan\alpha=\dfrac{1}{3}$, $\tan\beta=2$ とする。

$$\tan\theta=\tan(\beta-\alpha)$$
$$=\frac{\tan\beta-\tan\alpha}{1+\tan\alpha\tan\beta}$$
$$=\frac{2-\dfrac{1}{3}}{1+\dfrac{1}{3}\cdot2}=\frac{6-1}{3+2}=1$$

$0<\alpha<\beta<\dfrac{\pi}{2}$ より $0<\beta-\alpha<\dfrac{\pi}{2}$

よって，$\theta=\dfrac{\pi}{4}$

53 **$3\theta\to2\theta+\theta$ に分けて加法定理で分解する。次に，2倍角で θ かつ sin に統一する。**

$$\sin3\theta=\sin(2\theta+\theta)$$
$$=\sin2\theta\cos\theta+\cos2\theta\sin\theta$$
$$=2\sin\theta\cos^2\theta+(1-2\sin^2\theta)\sin\theta$$
$$=2\sin\theta(1-\sin^2\theta)+\sin\theta-2\sin^3\theta$$
$$=3\sin\theta-4\sin^3\theta$$

54 **解と係数の関係と加法定理を結びつける。**

$x^2-4\sqrt{3}\,x-3=0$ の2つの解が $\tan\alpha,\ \tan\beta$ だから，解と係数の関係より

$\tan\alpha+\tan\beta=4\sqrt{3}$, $\tan\alpha\tan\beta=-3$

$$\tan(\alpha+\beta)=\frac{\tan\alpha+\tan\beta}{1-\tan\alpha\tan\beta}$$
$$=\frac{4\sqrt{3}}{1-(-3)}=\sqrt{3}$$

$0<\alpha<\pi$, $0<\beta<\pi$ だから

$0<\alpha+\beta<2\pi$

よって，$\alpha+\beta=\dfrac{\pi}{3}$, $\dfrac{4}{3}\pi$

しかし，$\tan\alpha\tan\beta=-3<0$ なので

$\alpha+\beta=\dfrac{\pi}{3}$ は不適。

　ゆえに，$\alpha+\beta=\dfrac{4}{3}\pi$

55 三角関数の合成の公式の利用。θ の範囲に注意して最大値，最小値を求める。

(1)　$y=-2\sin2\theta+2\cos2\theta+3$

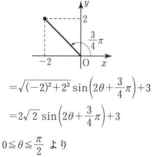

$=\sqrt{(-2)^2+2^2}\sin\left(2\theta+\dfrac{3}{4}\pi\right)+3$

$=2\sqrt{2}\,\sin\left(2\theta+\dfrac{3}{4}\pi\right)+3$

$0\leqq\theta\leqq\dfrac{\pi}{2}$ より

$\dfrac{3}{4}\pi\leqq2\theta+\dfrac{3}{4}\pi\leqq\dfrac{7}{4}\pi$ だから

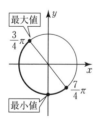

最大値は　$2\theta+\dfrac{3}{4}\pi=\dfrac{3}{4}\pi$

すなわち $\theta=0$ のとき

$2\sqrt{2}\cdot\dfrac{\sqrt{2}}{2}+3=\mathbf{5}$

最小値は　$2\theta+\dfrac{3}{4}\pi=\dfrac{3}{2}\pi$

すなわち $\theta=\dfrac{3}{8}\pi$ のとき

$2\sqrt{2}\cdot(-1)+3=\mathbf{3-2\sqrt{2}}$

(2)　$y=12\sin\theta+5\cos\theta$

$\fallingdotseq\sqrt{12^2+5^2}\sin(\theta+\alpha)$

$=13\sin(\theta+\alpha)$

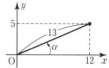

$\left(\begin{array}{l}\text{ただし，}\\ \cos\alpha=\dfrac{12}{13},\ \sin\alpha=\dfrac{5}{13},\ 0<\alpha<\dfrac{\pi}{4}\end{array}\right.$

$0\leqq\theta\leqq\dfrac{\pi}{2}$ より　$\alpha\leqq\theta+\alpha\leqq\alpha+\dfrac{\pi}{2}$

右の図より

最大値は

　$\theta+\alpha=\dfrac{\pi}{2}$ のとき

　$\sin\dfrac{\pi}{2}=1$

最小値は

　$\theta+\alpha=\alpha$ のとき

　$\sin\alpha=\dfrac{5}{13}$

　よって，$\mathbf{5\leqq y\leqq13}$

(参考)　$y=12\sin\theta+5\cos\theta$

　　　　$=13\sin(\theta+\alpha)$

の α について普通は $0<\alpha<\dfrac{\pi}{2}$ とすればよい。

しかし，この問題では $\alpha\leqq\theta+\alpha\leqq\dfrac{\pi}{2}+\alpha$ となり，$\sin\alpha$ と $\sin\left(\dfrac{\pi}{2}+\alpha\right)$ のどちらで最小になるのか判断する必要があるため，より詳しく α の範囲を $0<\alpha<\dfrac{\pi}{4}$ とした。

56 半角の公式で θ を 2θ にし，次に合成の公式を利用する。$0\leqq\theta<\pi$ に注意する。

$f(\theta)=\cos^2\theta+2\sqrt{3}\,\sin\theta\cos\theta-\sin^2\theta$

とおくと

$$f(\theta) = \frac{1+\cos 2\theta}{2} + \sqrt{3}\,\sin 2\theta - \frac{1-\cos 2\theta}{2}$$

$$= \sqrt{3}\,\sin 2\theta + \cos 2\theta$$

$$= \sqrt{(\sqrt{3})^2 + 1^2}\,\sin\left(2\theta + \frac{\pi}{6}\right)$$

$$= 2\sin\left(2\theta + \frac{\pi}{6}\right)$$

$0 \le \theta < \pi$ より $\dfrac{\pi}{6} \le 2\theta + \dfrac{\pi}{6} < \dfrac{13}{6}\pi$

だから

$$-1 \le \sin\left(2\theta + \frac{\pi}{6}\right) \le 1$$

よって，$\sin\left(2\theta + \dfrac{\pi}{6}\right) = -1$ のとき

最小値 -2

このとき，θ は，$2\theta + \dfrac{\pi}{6} = \dfrac{3}{2}\pi$ より

$$2\theta = \frac{8}{6}\pi, \quad \text{すなわち} \quad \theta = \frac{2}{3}\pi$$

57 (1) $\boxed{\cos 2x \text{ を } \sin x \text{ で表して，} \sin x \text{ に統一。}}$

$$1 + 3\sin x = -\cos 2x$$
$$1 + 3\sin x = -(1 - 2\sin^2 x)$$
$$2\sin^2 x - 3\sin x - 2 = 0$$
$$(2\sin x + 1)(\sin x - 2) = 0$$

$-1 \le \sin x \le 1$ だから $\sin x - 2 \ne 0$

よって，$\sin x = -\dfrac{1}{2}$

ゆえに，$x = \dfrac{7}{6}\pi, \ \dfrac{11}{6}\pi$

(2) $\boxed{\cos 2\theta \text{ を } \sin\theta \text{ で表して } \sin\theta \text{ に統一して } \sin\theta = t \text{ とおき，} t \text{ の 2 次関数で考える。} a \text{ の値による場合分けが必要。}}$

$$y = \cos 2\theta - a\sin\theta + 2$$
$$= 1 - 2\sin^2\theta - a\sin\theta + 2$$

$\sin\theta = t$ とおく。ただし，
$0 \le \theta \le 2\pi$ より $-1 \le t \le 1$ だから
$$y = -2t^2 - at + 3 \quad (-1 \le t \le 1)$$
となる。

$$y = -2t^2 - at + 3$$
$$= -2\left(t + \frac{a}{4}\right)^2 + \frac{a^2}{8} + 3$$

a の値によって，次の(i), (ii), (iii)に分類される。

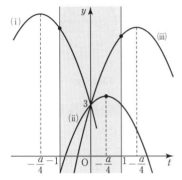

(i) $-\dfrac{a}{4} < -1$ すなわち $4 < a$ のとき
$$t = -1 \text{ で } M = 1 + a$$

(ii) $-1 \le -\dfrac{a}{4} \le 1$ すなわち
$$-4 \le a \le 4 \text{ のとき}$$
$$t = -\frac{a}{4} \text{ で } M = \frac{a^2}{8} + 3$$

(iii) $1 < -\dfrac{a}{4}$ すなわち $a < -4$ のとき
$$t = 1 \text{ で } M = 1 - a$$

よって，$M = \begin{cases} 1 + a & (4 < a) \\ \dfrac{a^2}{8} + 3 & (-4 \le a \le 4) \\ 1 - a & (a < -4) \end{cases}$

58 (1) $\boxed{\sqrt{3}\,\sin x + \cos x \text{ を合成する。}}$

$$\sqrt{3}\,\sin x + \cos x + 1 > 0$$
$$\sqrt{(\sqrt{3})^2 + 1^2}\,\sin\left(x + \frac{\pi}{6}\right) + 1 > 0$$
$$2\sin\left(x + \frac{\pi}{6}\right) > -1$$
$$\sin\left(x + \frac{\pi}{6}\right) > -\frac{1}{2}$$

ここで，$0 \le x < 2\pi$ だから

$$\frac{\pi}{6} \le x + \frac{\pi}{6} < \frac{13}{6}\pi$$

下図より

$$\frac{\pi}{6} \leqq x+\frac{\pi}{6} < \frac{7}{6}\pi,\quad \frac{11}{6}\pi < x+\frac{\pi}{6} < \frac{13}{6}\pi$$

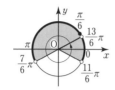

よって，$0 \leqq x < \pi,\quad \dfrac{5}{3}\pi < x < 2\pi$

(2) 2倍角の公式で $2x$ を x にする。

$$\sin x \geqq \sin 2x$$
$$\sin x \geqq 2\sin x \cos x$$
$$\sin x(2\cos x - 1) \leqq 0$$

$$\begin{cases}\sin x \leqq 0 \\ \cos x \geqq \dfrac{1}{2}\end{cases} \text{または} \begin{cases}\sin x \geqq 0 \\ \cos x \leqq \dfrac{1}{2}\end{cases}$$

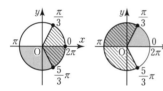

よって，$\dfrac{\pi}{3} \leqq x \leqq \pi,\quad \dfrac{5}{3}\pi \leqq x \leqq 2\pi$

59 (1) 三角関数の合成の公式を使う。

$$t = \cos x - \sin x$$
$$= \sqrt{(-1)^2 + 1^2}\, \sin\!\left(x+\frac{3}{4}\pi\right)$$
$$= \sqrt{2}\, \sin\!\left(x+\frac{3}{4}\pi\right)$$

$0 \leqq x \leqq \pi$ より

$$\frac{3}{4}\pi \leqq x+\frac{3}{4}\pi \leqq \frac{7}{4}\pi \quad \text{だから}$$

$$-1 \leqq \sin\!\left(x+\frac{3}{4}\pi\right) \leqq \frac{\sqrt{2}}{2}$$

$$-\sqrt{2} \leqq \sqrt{2}\, \sin\!\left(x+\frac{3}{4}\pi\right) \leqq 1$$

よって，$-\sqrt{2} \leqq t \leqq 1$

(2) t^2 を計算して，$\sin 2x$ を t で表す。

$$t = \cos x - \sin x$$

の両辺を2乗して

$$t^2 = \cos^2 x - 2\sin x \cos x + \sin^2 x$$
$$= 1 - \sin 2x$$

$\sin 2x = 1 - t^2$ だから

$$y = (t+1)(1-t^2)$$

よって，$y = -t^3 - t^2 + t + 1$

(3) 微分して，t の範囲の増減表をかく。

$$y' = -3t^2 - 2t + 1 = -(t+1)(3t-1)$$

t	$-\sqrt{2}$	$\cdots$	-1	$\cdots$	$\dfrac{1}{3}$	$\cdots$	1
y'		$-$	0	$+$	0	$-$	
y	$\sqrt{2}-1$	$\searrow$	0	$\nearrow$	$\dfrac{32}{27}$	$\searrow$	0

$t = -\sqrt{2}$ のとき $y = \sqrt{2}-1$
$t = \pm 1$ のとき $y = 0$
$t = \dfrac{1}{3}$ のとき $\dfrac{32}{27}$

よって，$t = \dfrac{1}{3}$ のとき最大値 $\dfrac{32}{27}$

$t = \pm 1$ のとき最小値 0

60 分子を因数分解してから $2^{2x} = 3$ を代入する。

$$\frac{2^{3x} + 2^{-3x}}{2^x + 2^{-x}}$$
$$= \frac{\cancel{(2^x + 2^{-x})}(2^{2x} - 2^x \cdot 2^{-x} + 2^{-2x})}{\cancel{2^x + 2^{-x}}}$$
$$= 2^{2x} - 1 + 2^{-2x} = 3 - 1 + \frac{1}{3} = \frac{7}{3}$$

別解

$2^{2x} = 3$ より $2^x = \sqrt{3}$ （$2^x > 0$ より）

与式に代入して

$$(\text{与式}) = \frac{(\sqrt{3})^3 + (\sqrt{3})^{-3}}{(\sqrt{3}) + (\sqrt{3})^{-1}}$$

$$= \frac{3\sqrt{3} + \dfrac{1}{3\sqrt{3}}}{\sqrt{3} + \dfrac{1}{\sqrt{3}}}$$

$$= \frac{3\sqrt{3}\left(3\sqrt{3} + \dfrac{1}{3\sqrt{3}}\right)}{3\sqrt{3}\left(\sqrt{3} + \dfrac{1}{\sqrt{3}}\right)}$$

$$= \frac{27+1}{9+3} = \frac{7}{3}$$

61 $(2^x+2^{-x})^2$ の値を求める。
$2^x=X$ とおいて，X の 2 次方程式をつくる。

$(2^x+2^{-x})^2=2^{2x}+2\cdot2^x\cdot2^{-x}+2^{-2x}$
$\qquad\qquad\quad =7+2=9$

$2^x+2^{-x}>0$ だから

$2^x+2^{-x}=3$

$2^x+2^{-x}=3$，$2^x=X$ $(X>0)$ とおくと

$X+\dfrac{1}{X}=3$，$X^2-3X+1=0$

$X=\dfrac{3\pm\sqrt{5}}{2}$ $(X>0$ を満たす$)$

よって，$2^x=\dfrac{3\pm\sqrt{5}}{2}$

62 まず，4 と $2^{\sqrt{3}}$，$\sqrt[3]{3^4}$ と $3^{\sqrt{2}}$ を比べる。

$4=2^2$ と $2^{\sqrt{3}}$ の大小は

$\sqrt{3}<2$ より $2^{\sqrt{3}}<2^2$

よって $2^{\sqrt{3}}<4$ …①

$\sqrt[3]{3^4}=3^{\frac{4}{3}}$ と $3^{\sqrt{2}}$ の大小は

$\left(\dfrac{4}{3}\right)^2=\dfrac{16}{9}$，$(\sqrt{2})^2=2$ より

$\dfrac{4}{3}<\sqrt{2}$ だから

$3^{\frac{4}{3}}<3^{\sqrt{2}}$ よって $\sqrt[3]{3^4}<3^{\sqrt{2}}$ ……②

①と②で 4 と $\sqrt[3]{3^4}$ の大小は

両辺を 3 乗して

$(4)^3=64$，$(\sqrt[3]{3^4})^3=3^4=81$

よって，$4<\sqrt[3]{3^4}$

ゆえに，$2^{\sqrt{3}}<4<\sqrt[3]{3^4}<3^{\sqrt{2}}$

63 $2^x=t$ とおいて，t の関数で考える。

$2^x=t$ とおくと

$y=\dfrac{1}{2}\cdot(2^x)^2-4\cdot2^x+3$

$\quad =\dfrac{1}{2}t^2-4t+3$

ただし，$-2\leqq x\leqq 3$ より

$2^{-2}\leqq t\leqq 2^3$ よって $\dfrac{1}{4}\leqq t\leqq 8$

$y=\dfrac{1}{2}(t-4)^2-5$ $\left(\dfrac{1}{4}\leqq t\leqq 8\right)$

グラフより

$t=8$，すなわち
$x=3$ のとき
最大値 3

$t=4$，すなわち
$x=2$ のとき
最小値 -5

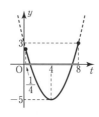

64 $a^x=t$ $(t>0)$ とおいて，t の方程式，不等式
で考える。

(1) $8^x-4^x-2^{x+1}+2=0$

$(2^x)^3-(2^x)^2-2\cdot2^x+2=0$

$2^x=t$ $(t>0)$ とおくと

$t^3-t^2-2t+2=0$

$t^2(t-1)-2(t-1)=0$

$(t-1)(t^2-2)=0$

$t>0$ だから $t=1$，$\sqrt{2}$

$2^x=1$ より $x=0$

$2^x=\sqrt{2}=2^{\frac{1}{2}}$ より $x=\dfrac{1}{2}$

よって，$x=0$，$\dfrac{1}{2}$

(2) $9^x+1\leqq3^{x+1}+3^{x-1}$

$(3^x)^2+1\leqq3\cdot3^x+\dfrac{1}{3}\cdot3^x$

$3^x=t$ $(t>0)$ とおくと

$t^2+1\leqq3t+\dfrac{1}{3}t$

$3t^2-10t+3\leqq0$

$(3t-1)(t-3)\leqq0$

よって，$\dfrac{1}{3}\leqq t\leqq3$ より $3^{-1}\leqq3^x\leqq3$

(底)$=3>1$ だから $-1\leqq x\leqq1$

(3) 両辺に a^4 を掛けて，a^x の 2 次不等式と
みる。

与式の両辺に a^4 を掛けると

$a^{2x+2}-a^{x+7}-a^x+a^5\leqq0$

$a^2\cdot a^{2x}-a^7\cdot a^x-a^x+a^5\leqq0$

$a^2(a^x)^2-(a^7+1)a^x+a^5\leqq0$

$\begin{array}{ccc} 1 & \diagdown & -a^5 \cdots\cdots -a^7 \\ a^2 & \diagup & -1 \cdots\cdots -1 \\ \hline & & -(a^7+1) \end{array}$

$(a^x-a^5)(a^2\cdot a^x-1)\leqq0$

$0<a<1$ より $a^5<\dfrac{1}{a^2}$

よって，$a^5 \le a^x \le a^{-2}$

底は $0<a<1$ だから

$$-2 \le x \le 5$$

65 (1) **(相加平均)≧(相乗平均) の関係を利用。**

$2^x>0$, $2^{-x}>0$ だから

(相加平均)≧(相乗平均) より

$t=2^x+2^{-x} \ge 2\sqrt{2^x \cdot 2^{-x}}=2$

よって，**最小値 2**

(2) **$4^x+4^{-x}=(2^x+2^{-x})^2-2$ と変形する。**

$y=4^x-6 \cdot 2^x-6 \cdot 2^{-x}+4^{-x}$

$=(2^x)^2-6(2^x+2^{-x})+(2^{-x})^2$

$=(2^x+2^{-x})^2-2-6(2^x+2^{-x})$

$=t^2-6t-2$

(3) **t の範囲に注意して，t の関数で考える。**

$y=(t-3)^2-11$

$(t \ge 2)$

右のグラフより

最小値 -11

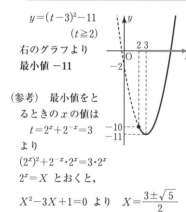

(参考) 最小値をと

るときの x の値は

$t=2^x+2^{-x}=3$

より

$(2^x)^2+2^{-x} \cdot 2^x=3 \cdot 2^x$

$2^x=X$ とおくと，

$X^2-3X+1=0$ より $X=\dfrac{3 \pm \sqrt{5}}{2}$

よって，$x=\log_2 \dfrac{3 \pm \sqrt{5}}{2}$

66 (1) **対数の計算規則に従って計算する。**

$\log_3 \sqrt{5} - \dfrac{1}{2}\log_3 10 + \log_3 \sqrt{18}$

$=\log_3 \sqrt{5} - \log_3 \sqrt{10} + \log_3 3\sqrt{2}$

$=\log_3 \dfrac{\sqrt{5} \cdot 3\sqrt{2}}{\sqrt{10}} = \log_3 3 = 1$

(2) **底の変換公式で底をそろえる。**

$\log_2 6 \cdot \log_3 6 - \log_3 3 - \log_3 2$

$=\log_2 6 \cdot \dfrac{\log_2 6}{\log_2 3} - \log_2 3 - \dfrac{\log_2 2}{\log_2 3}$

$=\dfrac{(\log_2 2 + \log_2 3)^2}{\log_2 3} - \log_2 3 - \dfrac{1}{\log_2 3}$

$=\dfrac{(1+\log_2 3)^2-(\log_2 3)^2-1}{\log_2 3}$

$=\dfrac{1+2\log_2 3+(\log_2 3)^2-(\log_2 3)^2-1}{\log_2 3}$

$=\dfrac{2\log_2 3}{\log_2 3}=2$

(3) $(\log_8 27)(\log_9 4 + \log_3 16)$

$=\dfrac{\log_3 27}{\log_3 8}\left(\dfrac{\log_3 4}{\log_3 9} + \log_3 16\right)$

$=\dfrac{3}{3\log_3 2}\left(\dfrac{2\log_3 2}{2} + 4\log_3 2\right)$

$=\dfrac{1}{\log_3 2}(\log_3 2 + 4\log_3 2)$

$=\dfrac{5\log_3 2}{\log_3 2}=5$

(4) $(\log_2 125 + \log_8 25)(\log_5 4 + \log_{25} 2)$

$=\left(\log_2 5^3 + \dfrac{\log_2 25}{\log_2 8}\right)\left(\dfrac{\log_2 4}{\log_2 5} + \dfrac{\log_2 2}{\log_2 25}\right)$

$=\left(3\log_2 5 + \dfrac{2\log_2 5}{3}\right)\left(\dfrac{2}{\log_2 5} + \dfrac{1}{2\log_2 5}\right)$

$=\dfrac{11}{3}\log_2 5 \cdot \dfrac{5}{2\log_2 5} = \dfrac{55}{6}$

67 **すべて，底を 2 に統一して考える。**

(1) $a=\log_2 3$, $b=\log_3 5=\dfrac{\log_2 5}{\log_2 3}$

$b=\dfrac{\log_2 5}{a}$ より $\log_2 5=ab$

(2) $\log_3 10 = \dfrac{\log_2 10}{\log_2 3} = \dfrac{\log_2 2 + \log_2 5}{\log_2 3}$

$=\dfrac{1+ab}{a}=\dfrac{1}{a}+b$

(3) $\log_6 5 = \dfrac{\log_2 5}{\log_2 6} = \dfrac{\log_2 5}{\log_2 2 + \log_2 3}$

$=\dfrac{ab}{1+a}$

(4) $\log_{10} 36 = \dfrac{\log_2 36}{\log_2 10}$

$=\dfrac{2(\log_2 2 + \log_2 3)}{\log_2 2 + \log_2 5}$

$=\dfrac{2(1+a)}{1+ab}$

68 解と係数の関係を利用して関係式をつくる。

$\log_2 a$ と $\log_a 2$ が $2x^2 - 5x + b = 0$ の 2つの解だから，解と係数の関係より

$$\log_2 a + \log_a 2 = \frac{5}{2} \quad \cdots\cdots①$$

$$(\log_2 a)(\log_a 2) = \frac{b}{2} \quad \cdots\cdots②$$

$\log_a 2 = \dfrac{1}{\log_2 a}$ だから

①より $\log_2 a + \dfrac{1}{\log_2 a} = \dfrac{5}{2}$

$2\log_2 a$ を両辺に掛けて

$$2(\log_2 a)^2 - 5\log_2 a + 2 = 0$$
$$(2\log_2 a - 1)(\log_2 a - 2) = 0$$
$$\log_2 a = \frac{1}{2},\ 2$$

$$\frac{1}{2} = \log_2 2^{\frac{1}{2}} = \log_2 \sqrt{2}$$

$$2 = \log_2 2^2 = \log_2 4$$

よって，$a = \sqrt{2},\ 4$

②より $(\log_2 a) \cdot \dfrac{1}{\log_2 a} = \dfrac{b}{2}$

よって，$b = 2$

以上のことから

$a = \sqrt{2},\ b = 2$ または $a = 4,\ b = 2$

（参考） $\log_2 a + \dfrac{1}{\log_2 a} = \dfrac{5}{2}$ は

$\log_2 a = A$ とおいて

$A + \dfrac{1}{A} = \dfrac{5}{2}$ より $2A^2 - 5A + 2 = 0$

$$(2A - 1)(A - 2) = 0$$

よって，$A = \dfrac{1}{2},\ 2$

として解いてもよい。

69 まず，$4^{\frac{5}{6}}$ と $2^{\frac{4}{3}}$，$\log_2 3$ と $\log_4 7$ を比べる。

$4^{\frac{5}{6}} = (2^2)^{\frac{5}{6}} = 2^{\frac{5}{3}}$，$2^{\frac{4}{3}} < 2^{\frac{5}{3}}$ だから

$$2^{\frac{4}{3}} < 4^{\frac{5}{6}} \quad \cdots\cdots①$$

$\log_4 7 = \dfrac{\log_2 7}{\log_2 4} = \dfrac{\log_2 7}{2} = \log_2 \sqrt{7}$

$\sqrt{7} < 3$ だから $\log_2 \sqrt{7} < \log_2 3$ より

$$\log_4 7 < \log_2 3 \quad \cdots\cdots②$$

ここで，$2^{\frac{4}{3}}$ と $\log_2 3$ を比べると

$\log_2 3 < \log_2 4 = 2 < 2^{\frac{4}{3}}$

よって，①，②より

$$\log_4 7 < \log_2 3 < 2^{\frac{4}{3}} < 4^{\frac{5}{6}}$$

70 35 を底とする各辺の対数をとる。

$5^x = 7^y = 35^4$

の各辺の 35 を底とする対数をとると

$$\log_{35} 5^x = \log_{35} 7^y = \log_{35} 35^4$$
$$x\log_{35} 5 = y\log_{35} 7 = 4$$

$x = \dfrac{4}{\log_{35} 5}$，$y = \dfrac{4}{\log_{35} 7}$ だから

$$\frac{1}{x} + \frac{1}{y} = \frac{\log_{35} 5}{4} + \frac{\log_{35} 7}{4}$$
$$= \frac{\log_{35} 35}{4} = \frac{1}{4}$$

別解 5 を底とする各辺の対数をとる。

$5^x = 7^y = 35^4$

の各辺の 5 を底とする対数をとると

$$\log_5 5^x = \log_5 7^y = \log_5 35^4$$
$$x = y\log_5 7 = 4\log_5 35$$

$x = 4\log_5 35$，$y = \dfrac{4\log_5 35}{\log_5 7}$

$$\frac{1}{x} + \frac{1}{y} = \frac{1}{4\log_5 35} + \frac{\log_5 7}{4\log_5 35}$$
$$= \frac{1 + \log_5 7}{4\log_5 35} = \frac{\log_5 5 + \log_5 7}{4\log_5 35}$$
$$= \frac{\log_5 35}{4\log_5 35} = \frac{1}{4}$$

71 (1) 真数条件を押え，$\log_a ○ = \log_a □$ に変形して $○ = □$ を解く。

$$\log_3 (x-2) + \log_3 (2x-7) = 2$$

（真数）> 0 より $x-2 > 0$，$2x-7 > 0$

よって，$x > \dfrac{7}{2} \quad \cdots\cdots①$

$$\log_3 (x-2)(2x-7) = \log_3 9 \quad より$$
$$(x-2)(2x-7) = 9$$
$$2x^2 - 11x + 5 = 0$$
$$(2x-1)(x-5) = 0$$
$$x = \frac{1}{2},\ 5$$

①より $x = 5$

(2) 真数条件を押え，底を 2 にそろえる。

$\log_2(x-1)+\log_4(x+4)=1$

（真数）>0 より $x-1>0$, $x+4>0$

よって，$x>1$ ……①

$\log_2(x-1)+\dfrac{\log_2(x+4)}{\log_2 4}=1$

$2\log_2(x-1)+\log_2(x+4)=2$

$\log_2(x-1)^2(x+4)=\log_2 4$ より

$(x-1)^2(x+4)=4$

$x^3+2x^2-7x+4=4$

$x(x^2+2x-7)=0$

$x=0$, $-1\pm2\sqrt{2}$

①より $x=-1+2\sqrt{2}$

(3) 真数条件を押え，$\log_a\bigcirc>\log_a\square$ に変形。

$-1+\log_3(x-1)$
$\qquad<2\log_3 2-\log_3(6x-7)$

（真数）>0 より $x-1>0$, $6x-7>0$

よって，$x>\dfrac{7}{6}$ ……①

$\log_3(x-1)+\log_3(6x-7)$
$\qquad<2\log_3 2+\log_3 3$

$\log_3(x-1)(6x-7)<\log_3 12$

（底）$=3>1$ だから

$(x-1)(6x-7)<12$

$6x^2-13x-5<0$

$(2x-5)(3x+1)<0$

$-\dfrac{1}{3}<x<\dfrac{5}{2}$

①より $\dfrac{7}{6}<x<\dfrac{5}{2}$

(4) 真数条件を押えて，底の変換をする。
$0<a<1$ であることに注意する。

$\log_a(x-1)\geqq\log_{a^2}(x+11)$
$\qquad\qquad\qquad(0<a<1)$

（真数）>0 より $x-1>0$, $x+11>0$

よって，$x>1$ ……①

与式より

$\log_a(x-1)\geqq\dfrac{\log_a(x+11)}{\log_a a^2}$

$\log_a(x-1)\geqq\dfrac{\log_a(x+11)}{2}$

$2\log_a(x-1)\geqq\log_a(x+11)$

$\log_a(x-1)^2\geqq\log_a(x+11)$

（底）$=a<1$ だから

$(x-1)^2\leqq x+11$, $x^2-3x-10\leqq0$

$(x+2)(x-5)\leqq0$

ゆえに，$-2\leqq x\leqq5$

①より $1<x\leqq5$

72 (1) 真数の最大値を求める。

$y=\log_8(x+1)+\log_8(7-x)$

（真数）>0 より $x+1>0$, $7-x>0$

よって，$-1<x<7$ ……①

$y=\log_8(x+1)(7-x)$
$\quad=\log_8(-x^2+6x+7)$

（真数）$=f(x)=-x^2+6x+7$
$\qquad\qquad\quad=-(x-3)^2+16$

（底）$=8>1$ だから $f(x)$ が最大になる
とき y は最大になる。

①より $f(x)$ の最大値は $f(3)=16$

このとき，$\log_8 16=\dfrac{\log_2 16}{\log_2 8}=\dfrac{4}{3}$

ゆえに，$x=3$ のとき 最大値 $\dfrac{4}{3}$

（参考）

$y=\log_8\{-(x-3)^2+16\}$ と変形して，
$x=3$ のとき最大となることを示して
もよい。

(2) $\log_6 x+\log_6 y=\log_6 xy$ だから xy の
最大値を求める。

（真数）>0 より $x>0$, $y>0$

$\log_6 x+\log_6 y=\log_6 xy$

$2x+3y=12$ より $y=4-\dfrac{2}{3}x>0$

よって，$0<x<6$

$xy=x\left(4-\dfrac{2}{3}x\right)=-\dfrac{2}{3}x^2+4x$

$\quad=-\dfrac{2}{3}(x-3)^2+6$

$0<x<6$ だから，xy の最大値は
$x=3$, $y=2$ のとき 6 である。

ゆえに，最大値は $\log_6 6=1$

別解

(相加平均)≧(相乗平均) の関係から

$$12=2x+3y\geqq 2\sqrt{2x\cdot 3y}=2\sqrt{6}\sqrt{xy}$$

よって，$\sqrt{xy}\leqq\dfrac{12}{2\sqrt{6}}=\sqrt{6}$

ゆえに，$xy\leqq 6$

これより，xy の最大値は 6 である。

したがって，最大値は $\log_6 6=1$

(3) **$\log_2 x=t$ とおいて，t の関数で考える。**

$$f(x)=\left(\log_2\frac{x}{4}\right)^2-\log_2 x^2+6$$

$$=(\log_2 x-\log_2 4)^2-2\log_2 x+6$$

$$=(\log_2 x-2)^2-2\log_2 x+6$$

$$=(\log_2 x)^2-6\log_2 x+10$$

$\log_2 x=t$ とおくと，$2\leqq x\leqq 16$ より
$1\leqq t\leqq 4$ である。

$$y=t^2-6t+10\ (1\leqq t\leqq 4)$$

$$=(t-3)^2+1$$

右のグラフより，

最大値は

$t=1$ のとき 5

このとき

$\log_2 x=1$ より

$x=2$

最小値は

$t=3$ のとき 1

このとき

$\log_2 x=3$ より

$x=8$

よって，

最大値は $x=2$ のとき 5

最小値は $x=8$ のとき 1

73 N の常用対数をとって，桁数は
$10^{n-1}\leqq N<10^n$ の形に，最高位の数は
$N=10^{\alpha}\times 10^n\ (0<\alpha<1)$ の形に変形する。

$N=3^{100}$ の常用対数をとると

$$\log_{10}N=\log_{10}3^{100}=100\log_{10}3$$

$$=100\times 0.4771=47.71$$

$$10^{47}<N<10^{48}\text{ だから}$$

N の桁数は **48 桁**

$$N=10^{47.71}=10^{0.71}\times 10^{47}$$

ここで，

$$\log_{10}5=\log_{10}\frac{10}{2}=\log_{10}10-\log_{10}2$$

$$=1-0.3010=0.6990$$

より　$5=10^{0.6990}$

$$\log_{10}6=\log_{10}2+\log_{10}3$$

$$=0.3010+0.4771=0.7781$$

より　$6=10^{0.7781}$

よって，

$$10^{0.6990}<10^{0.71}<10^{0.7781}$$

ゆえに，$5<10^{0.71}<6$

したがって，**最高位の数は 5**

また，$3^1=3,\ 3^2=9,\ 3^3=27,\ 3^4=81,$
$3^5=243,\ \cdots\cdots\cdots$

より，N の 1 の位の数は

3，9，7，1，……と，4つおきに
くり返される。

$100=4\times 25$ だから 3，9，7，1 を 25 回
くり返した最後の数になる。

よって，N の 1 の位の数は **1**

74 **常用対数をとって $10^{-n}\leqq N<10^{-n+1}$ の形にする。**

$$\log_{10}\left(\frac{1}{18}\right)^{10}=10(-\log_{10}18)$$

$$=-10(\log_{10}2+2\log_{10}3)$$

$$=-10(0.3010+2\times 0.4771)$$

$$=-12.552$$

よって，$10^{-13}<\left(\dfrac{1}{18}\right)^{10}<10^{-12}$

ゆえに，小数第 13 位に初めて 0 で
ない数が現れる。

75 **log をはずして，a，b の関係式を求める。**

$$2\log_{10}(a-b)=\log_{10}a+\log_{10}b$$

(真数)>0 より　$a>b>0$ ……①

$$\log_{10}(a-b)^2=\log_{10}ab\text{ より}$$

$$(a-b)^2=ab$$

$$a^2-3ab+b^2=0$$

両辺を $b^2\ (\neq 0)$ で割ると

$$\frac{a^2}{b^2}-\frac{3a}{b}+1=0$$

$\dfrac{a}{b}=t$ （①より $t>1$）とおくと

$t^2-3t+1=0$, $t=\dfrac{3\pm\sqrt{5}}{2}$

$t>1$ より $t=\dfrac{a}{b}=\dfrac{3+\sqrt{5}}{2}$

別解

$a^2-3ab+b^2=0$ から

$\dfrac{a}{b}=t$ （①より $t>1$）とおいて

$a=bt$ として代入してもよい。

$(bt)^2-3b^2t+b^2=0$

$t^2-3t+1=0$ 以下同様。

---

76 余事象の確率の考えを使って，少なくとも1回当たる確率を求める。

当たる確率が $\dfrac{1}{10}$ だから，はずれる確率は $\dfrac{9}{10}$

n 回引いて，n 回全部がはずれる確率は $\left(\dfrac{9}{10}\right)^n$

よって，少なくとも1回は当たる確率 p は

$p=1-\left(\dfrac{9}{10}\right)^n$

$1-\left(\dfrac{9}{10}\right)^n>\dfrac{99}{100}$ より

$\left(\dfrac{9}{10}\right)^n<\dfrac{1}{100}$

両辺の常用対数をとると

$\log_{10}\left(\dfrac{9}{10}\right)^n<\log_{10}\left(\dfrac{1}{100}\right)$

$n(\log_{10}9-\log_{10}10)<-2$

$n(0.954-1)<-2$

$n>\dfrac{2}{0.046}=43.4\cdots\cdots$

よって，**$n\geqq44$**

---

77 $f'(x)=\displaystyle\lim_{h\to0}\dfrac{f(x+h)-f(x)}{h}$

$=\displaystyle\lim_{h\to0}\dfrac{(x+h)^3-(x+h)^2-(x^3-x^2)}{h}$

ここで

（分子）$=x^3+3x^2h+3xh^2+h^3$
$\qquad\qquad-x^2-2xh-h^2-x^3+x^2$
$=h(3x^2+3xh+h^2-2x-h)$

よって

$f'(x)=\displaystyle\lim_{h\to0}\dfrac{h(3x^2+3xh+h^2-2x-h)}{h}$

$=3x^2-2x$

---

78 $f(x)=ax^2+bx+c$ （$a\neq0$）とおいて，$f(x)$, $f'(x)$ を与式に代入する。

$f(x)=ax^2+bx+c$ （$a\neq0$）とおくと

$f'(x)=2ax+b$

与式に代入すると

$(2ax+b)\{2(2ax+b)-x\}$

$=6(ax^2+bx+c)+2x+8$

$(8a^2-2a)x^2+(8ab-b)x+2b^2$

$=6ax^2+(6b+2)x+6c+8$

これがすべての x で成り立つから，x の恒等式と考えると

$\begin{cases}8a^2-2a=6a & \cdots\cdots① \\ 8ab-b=6b+2 & \cdots\cdots② \\ 2b^2=6c+8 & \cdots\cdots③\end{cases}$

①より $8a(a-1)=0$

$a\neq0$ だから $a=1$

②に代入して $b=2$

③に代入して $c=0$

ゆえに，$a=1$, $b=2$, $c=0$

よって，**$f(x)=x^2+2x$**

---

79 (1) 傾きは $f'(2)$ で点 $(2,\ f(2))$ を通る。

$f(x)=-x^3+x^2+x+3$

$f'(x)=-3x^2+2x+1$

傾きは $f'(2)=-12+4+1=-7$

$f(2)=-8+4+2+3=1$ より

接点は $(2,\ 1)$ だから

$y-1=-7(x-2)$

$y=-7x+15$

(2) 接点の x 座標は $f'(x)=$（傾き）から求まる。

$y=x^2-4x+7$ より

$y'=2x-4$, 傾きが2のとき

$2x-4=2$　より　$x=3$

このとき，$y=4$ だから，接点は $(3, 4)$

よって，l_1 の方程式は

$y-4=2(x-3)$

よって，$\boldsymbol{y=2x-2}$

$l_1\perp l_2$ より l_2 の傾きは $-\dfrac{1}{2}$ だから

$y'=2x-4=-\dfrac{1}{2}$　より　$x=\dfrac{7}{4}$

このとき，$y=\left(\dfrac{7}{4}\right)^2-4\cdot\dfrac{7}{4}+7=\dfrac{49}{16}$

接点は $\left(\dfrac{7}{4}, \dfrac{49}{16}\right)$ だから

l_2 の方程式は

$y-\dfrac{49}{16}=-\dfrac{1}{2}\left(x-\dfrac{7}{4}\right)$

よって，$\boldsymbol{y=-\dfrac{1}{2}x+\dfrac{63}{16}}$

(3) 2曲線 C_1，C_2 は，どちらも接点 P を通り，P での接線の傾きが等しい。

　$f(x)=x^3$，$g(x)=x^2+ax-12$ とし接点 P の x 座標を t とする。

　$f'(x)=3x^2$，$g'(x)=2x+a$

接線が一致するためには

(i) 傾きが等しいから

$f'(t)=g'(t)$ より $3t^2=2t+a$

……①

(ii) 接点が同じだから

$f(t)=g(t)$ より $t^3=t^2+at-12$

……②

①より　$a=3t^2-2t$，これを②に代入して

$t^3=t^2+(3t^2-2t)t-12$

$2t^3-t^2-12=0$

$(t-2)(2t^2+3t+6)=0$

t は実数だから　$t=2$

よって，①に代入して　$\boldsymbol{a=8}$

接線の方程式は接点が $(2, 8)$ なので

$y-8=12(x-2)$

よって，$\boldsymbol{y=12x-16}$

80 (1) 接点がわかっていないから接点を $(t, f(t))$ とおいて方程式を立てる。

接点を $(t, -t^3+6t^2-9t+4)$

とおくと

$y'=-3x^2+12x-9$ より

$x=t$ のとき

$y'=-3t^2+12t-9$

だから接線の方程式は

$y-(-t^3+6t^2-9t+4)$

$=(-3t^2+12t-9)(x-t)$

$y=(-3t^2+12t-9)x+2t^3-6t^2+4$

……①

これが点 $(0, -4)$ を通るから

$-4=2t^3-6t^2+4$　より

$t^3-3t^2+4=0$

$(t+1)(t^2-4t+4)=0$

$(t+1)(t-2)^2=0$

$t=-1, 2$　　①に代入して

$t=-1$ のとき

$\boldsymbol{y=-24x-4}$，接点は $(-1, 20)$

$t=2$ のとき

$\boldsymbol{y=3x-4}$，接点は $(2, 2)$

(2) 接点 $x=t$ の個数だけ接線が引けるから t の方程式を導き，異なる3つの実数解をもつ条件を考える。

点 $(0, k)$ を通るから①に代入して

$k=2t^3-6t^2+4$　より

$2t^3-6t^2+4-k=0$

これが異なる3つの実数解をもつ k の範囲を求めればよい。

$f(t)=2t^3-6t^2+4-k$ とおくと

$f'(t)=6t^2-12t=6t(t-2)$

$f'(t)=0$ より $f(t)$ は $t=0, 2$ で極値をもつ。

(極大値)・(極小値)<0

ならばよいから　(**89** 参照)

$f(0)\cdot f(2)=(4-k)(-4-k)<0$

$(k-4)(k+4)<0$

よって，$\boldsymbol{-4<k<4}$

別解

$2t^3-6t^2+4=k$　より

$y=2t^3-6t^2+4$ と $y=k$ のグラフの共有点で考える。

$y'=6t^2-12t=6t(t-2)$

t	$\cdots$	0	$\cdots$	2	$\cdots$
y'	$+$	0	$-$	0	$+$
y	$\nearrow$	4	$\searrow$	-4	$\nearrow$

異なる 3 つの共有点
をもつときだから，
グラフより
$-4<k<4$

$y=2t^3-6t^2+4$

81 $f(x)=ax^3+bx^2+cx+d$ とおいて条件より a, b, c, d を決定する。$a>0$ と $a<0$ の場合で極大値と極小値が替わるので注意。

$f(x)=ax^3+bx^2+cx+d$ $(a\neq0)$
とおくと
$f'(x)=3ax^2+2bx+c$
$x=1$, 3 で極値をとるから
$f'(1)=3a+2b+c=0$ ……①
$f'(3)=27a+6b+c=0$ ……②

(i) $a>0$

x	$\cdots$	1	$\cdots$	3	$\cdots$
$f'(x)$	$+$	0	$-$	0	$+$
$f(x)$	$\nearrow$	極大	$\searrow$	極小	$\nearrow$

のとき右の
増減表から

極大値は
$f(1)=a+b+c+d=2$ ……③
極小値は
$f(3)=27a+9b+3c+d=-2$
……④

①，②，③，④の連立方程式を解いて
$a=1$, $b=-6$, $c=9$, $d=-2$

(ii) $a<0$

x	$\cdots$	1	$\cdots$	3	$\cdots$
$f'(x)$	$-$	0	$+$	0	$-$
$f(x)$	$\searrow$	極小	$\nearrow$	極大	$\searrow$

のとき右の
増減表から

極大値は
$f(3)=27a+9b+3c+d=2$ ……⑤
極小値は
$f(1)=a+b+c+d=-2$ ……⑥

①，②，⑤，⑥の連立方程式を解いて
$a=-1$, $b=6$, $c=-9$, $d=2$

よって，$f(x)=x^3-6x^2+9x-2$
$f(x)=-x^3+6x^2-9x+2$

(参考)
①，②，③，④の連立方程式の解き方

c と d を消去して
a と b の連立方程式にする。
②－① より　$24a+4b=0$
　　　　　　$6a+b=0$ ……①′
④－③ より　$26a+8b+2c=-4$
　　　　　　$13a+4b+c=-2$ ……②′
②′－① より　$10a+2b=-2$
　　　　　　$5a+b=-1$ ……③′
①′－③′ より　$a=1$
①′ に代入して　$b=-6$
これらを①，③ に代入して
　　$c=9$, $d=-2$

82 $f'(x)$ を求めて，増減表をかいて考える。a による場合分けが必要。

$f(x)=2x^3-3(a+2)x^2+12a$
$f'(x)=6x^2-6(a+2)x$
　　　$=6x(x-a-2)$
$f'(x)=0$ より　$x=0$, $a+2$
増減表をかくと
(i) $a+2>0$ $(a>-2)$ のとき

x	$\cdots$	0	$\cdots$	$a+2$	$\cdots$
$f'(x)$	$+$	0	$-$	0	$+$
$f(x)$	$\nearrow$	極大	$\searrow$	極小	$\nearrow$

極大値は　$f(0)=12a$

(ii) $a+2<0$ $(a<-2)$ のとき

x	$\cdots$	$a+2$	$\cdots$	0	$\cdots$
$f'(x)$	$+$	0	$-$	0	$+$
$f(x)$	$\nearrow$	極大	$\searrow$	極小	$\nearrow$

極大値は
$f(a+2)=2(a+2)^3-3(a+2)^3+12a$
　　　　$=-a^3-6a^2-12a-8+12a$
　　　　$=-a^3-6a^2-8$

(iii) $a=-2$ のとき，$f'(x)=6x^2\geqq0$ より
極値をもたない。

83 $f'(x)=0$ が異なる 2 つの実数解をもたない。

$f(x)=\dfrac{1}{3}x^3+ax^2+(3a+4)x$
$f'(x)=x^2+2ax+3a+4$
$f(x)$ が極値をもたないためには，

$f'(x)=0$ が異なる 2 つの実数解をもたなければよい。ゆえに

$$D/4=a^2-(3a+4)\leqq 0$$
$$(a+1)(a-4)\leqq 0$$

よって，$-1\leqq a\leqq 4$

84 $0\leqq x\leqq 1$ の範囲で $f'(x)\geqq 0$ となる条件を求め a, b 座標に領域を図示する。

(1) $f(x)=x^3-3ax^2+3bx-2$

$f'(x)=3x^2-6ax+3b$

$f(x)$ が区間 $0\leqq x\leqq 1$ で増加するためには $0\leqq x\leqq 1$ で $f'(x)\geqq 0$ であればよい。

$f'(x)=3(x-a)^2-3a^2+3b$ と変形。

(i) $a<0$ のとき

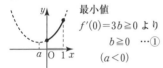

最小値
$f'(0)=3b\geqq 0$ より
$b\geqq 0$ …①
$(a<0)$

(ii) $0\leqq a\leqq 1$ のとき

最小値
$f'(a)=-3a^2+3b\geqq 0$
より $b\geqq a^2$ …②
$(0\leqq a\leqq 1)$

(iii) $1<a$ のとき

最小値
$f'(1)=3-6a+3b\geqq 0$
より $b\geqq 2a-1$ …③
$(1<a)$

よって

$$\begin{cases} a<0 \text{ のとき} \quad b\geqq 0 \\ 0\leqq a\leqq 1 \text{ のとき} \quad b\geqq a^2 \\ 1<a \text{ のとき} \quad b\geqq 2a-1 \end{cases}$$

(2) ①，②，③のいずれかの範囲だから，点 (a, b) の存在範囲は図の斜線部分。ただし，境界を含む。

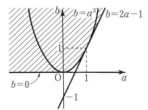

85 増減表をかいて最大値，最小値を判定する。

$$f(x)=ax^3-12ax+b$$
$$f'(x)=3ax^2-12a$$
$$=3a(x+2)(x-2)$$

$-1\leqq x\leqq 3$ の範囲で増減表をかく。

x	-1	$\cdots$	2	$\cdots$	3
$f'(x)$		$-$	0	$+$	
$f(x)$	$11a+b$	$\searrow$	$-16a+b$	$\nearrow$	$-9a+b$

$f(-1)=-a+12a+b=11a+b$
$f(2)=8a-24a+b=-16a+b$
$f(3)=27a-36a+b=-9a+b$

$a>0$ より $11a+b>-9a+b$

増減表より

最大値は $f(-1)=11a+b=27$ …①

最小値は $f(2)=-16a+b=-81$ …②

①，②を解いて

$a=4$, $b=-17$ $(a>0$ を満たす)

86 $0\leqq x\leqq 1$ の範囲に極値があるか，ないかを p の値によって場合分けする。

$$f(x)=x^3-(3p+2)x^2+8px$$
$$f'(x)=3x^2-2(3p+2)x+8p$$
$$=(3x-4)(x-2p)$$

$f'(x)=0$ より $x=\dfrac{4}{3}$, $2p$

$0\leqq x\leqq 1$ の範囲で $f(x)$ の増減を考えると

(i) $1\leqq 2p$ すなわち $\dfrac{1}{2}\leqq p<1$ のとき

$f'(x)=(3x-4)(x-2p)\geqq 0$

$f(x)$ は増加関数だから

最大値 $f(1)=1-(3p+2)+8p$
$\qquad\qquad =5p-1$

最小値 $f(0)=0$

(ii) $0<2p<1$ すなわち $0<p<\dfrac{1}{2}$ のとき増減表は次のようになる。

x	0	$\cdots$	$2p$	$\cdots$	1
$f'(x)$		$+$	0	$-$	
$f(x)$	0	$\nearrow$	極大	$\searrow$	$5p-1$

最大値は

$f(2p)=8p^3-(3p+2)\cdot 4p^2+16p^2$

$$=-4p^3+8p^2$$

ここで，最小値は 0 と $5p-1$ を比べて

$0 \le 5p-1$ すなわち

$\dfrac{1}{5} \le p < \dfrac{1}{2}$ のとき $f(0)=0$

$5p-1<0$ すなわち

$0<p<\dfrac{1}{5}$ のとき $f(1)=5p-1$

よって，

$$\begin{cases} 0<p<\dfrac{1}{5} \text{ のとき} \\ \quad \text{最大値 } -4p^3+8p^2, \text{ 最小値 } 5p-1 \\ \dfrac{1}{5} \le p < \dfrac{1}{2} \text{ のとき} \\ \quad \text{最大値 } -4p^3+8p^2, \text{ 最小値 } 0 \\ \dfrac{1}{2} \le p < 1 \text{ のとき} \\ \quad \text{最大値 } 5p-1, \text{ 最小値 } 0 \end{cases}$$

(参考)

$0<p<\dfrac{1}{5}$

$\dfrac{1}{5} \le p < \dfrac{1}{2}$

$\dfrac{1}{2} \le p < 1$

87 P の x 座標を $x=t$ とおいて，面積を t で表し，t の関数で考える。

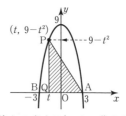

放物線上の点を P$(t,\ 9-t^2)$ とおくと $(-3<t<3)$

PQ$=9-t^2$，AQ$=3-t$

△PAQ の面積を $S(t)$ とすると

$$S(t)=\dfrac{1}{2}\cdot \text{AQ}\cdot \text{PQ}=\dfrac{1}{2}(3-t)(9-t^2)$$

$$=\dfrac{1}{2}(t^3-3t^2-9t+27)$$

$$(-3<t<3)$$

$$S'(t)=\dfrac{1}{2}(3t^2-6t-9)$$

$$=\dfrac{3}{2}(t+1)(t-3)$$

$-3<t<3$ で増減表をかくと

t	-3	$\cdots$	-1	$\cdots$	3
$S'(t)$		$+$	0	$-$	
$S(t)$		↗	16	↘	

$$S(-1)=\dfrac{1}{2}\cdot 4\cdot 8=16$$

よって，$t=-1$ のとき最大値 **16**

88 $y=f(x)$ のグラフ上で直線 $y=p$ を平行移動させて x 軸上に現れる解の符号から判断する。

(1) $f(x)=4x^3-12x^2+9x$

$f'(x)=12x^2-24x+9$

$=3(2x-1)(2x-3)$

x	$\cdots$	$\dfrac{1}{2}$	$\cdots$	$\dfrac{3}{2}$	$\cdots$
$f'(x)$	$+$	0	$-$	0	$+$
$f(x)$	↗	2	↘	0	↗

極大値 $f\left(\dfrac{1}{2}\right)=\dfrac{1}{2}-3+\dfrac{9}{2}=2$

極小値 $f\left(\dfrac{3}{2}\right)=\dfrac{27}{2}-27+\dfrac{27}{2}=0$

これより $y=f(x)$ のグラフをかくと，

下図になる。

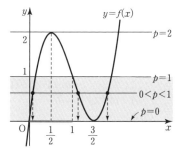

(2) $y=f(x)$ と $y=p$ のグラフの共有点の x 座標が $0\leqq x\leqq 1$ の範囲にただ 1 つある条件は，$f(1)=1$ だから，上のグラフで考えると，$y=p$ のグラフが $p=1$ を除き灰色の部分，または $p=2$ のときである。

よって，**$0\leqq p<1$，$p=2$**

89 $y=f(x)$ のグラフで考える。x 軸と異なる 3 つの共有点をもつ条件を求める。

$f(x)=x^3-6ax^2+9a^2x-4a$ とおく。

$f'(x)=3x^2-12ax+9a^2$
$\qquad =3(x-a)(x-3a)$

$f(x)=0$ が異なる 3 つの実数解をもつのは（極大値）・（極小値）<0 ならばよいから

$a\neq 0$ かつ $f(a)\cdot f(3a)<0$

$f(a)=a^3-6a^3+9a^3-4a=4a^3-4a$

$f(3a)=27a^3-54a^3+27a^3-4a=-4a$

だから

$(4a^3-4a)(-4a)<0$

$16a^2(a^2-1)>0$

$a^2(a+1)(a-1)>0$

よって，**$a<-1$，$1<a$**

90 $f(x)=x^3+32-px^2$ とおいて $x\geqq 0$ で $f(x)\geqq 0$ となる条件を求める。

$f(x)=x^3+32-px^2$ とおく。

$f'(x)=3x^2-2px=x(3x-2p)$

(i) $p\leqq 0$ のとき

$x\geqq 0$ で $f'(x)\geqq 0$ だから

$f(x)$ は増加関数。

最小値は $f(0)=32>0$

だから $f(x)\geqq 0$ が成り立つ。

(ii) $p>0$ のとき

x	0	$\cdots$	$\dfrac{2}{3}p$	$\cdots$
$f'(x)$		$-$	0	$+$
$f(x)$	32	$\searrow$	極小	$\nearrow$

$f\left(\dfrac{2}{3}p\right)=\dfrac{8}{27}p^3+32-\dfrac{4}{9}p^3$

$\qquad\qquad =-\dfrac{4}{27}p^3+32$

$f\left(\dfrac{2}{3}p\right)\geqq 0$ となればよいから

$-\dfrac{4}{27}p^3+32\geqq 0$ より $p^3-216\leqq 0$

$(p-6)(p^2+6p+36)\leqq 0$

$(p-6)\{(p+3)^2+27\}\leqq 0$

よって，$p\leqq 6$

(i)，(ii)より p の最大値は **6**

91 $-\displaystyle\int_{\alpha}^{\beta}(x-\alpha)(x-\beta)\,dx=\dfrac{(\beta-\alpha)^3}{6}$ を利用。

(1) $\displaystyle\int_{-1}^{3}(x^2-2x-3)\,dx$

$=\displaystyle\int_{-1}^{3}(x+1)(x-3)\,dx$

$=-\dfrac{1}{6}(3+1)^3=-\dfrac{32}{3}$

(2) $x^2-2x-4=0$ の解は $x=1\pm\sqrt{5}$

だから $\alpha=1-\sqrt{5}$，$\beta=1+\sqrt{5}$ とおくと

$\displaystyle\int_{1-\sqrt{5}}^{1+\sqrt{5}}(x^2-2x-4)\,dx$

$=\displaystyle\int_{\alpha}^{\beta}(x-\alpha)(x-\beta)\,dx$

$=-\dfrac{1}{6}(\beta-\alpha)^3$

$=-\dfrac{1}{6}\{(1+\sqrt{5})-(1-\sqrt{5})\}^3$

$=-\dfrac{20\sqrt{5}}{3}$

(3) $\displaystyle\int_{-1}^{\frac{1}{2}}(-2x^2-x+1)\,dx$

$=-\displaystyle\int_{-1}^{\frac{1}{2}}(2x-1)(x+1)\,dx$

40

$$=-2\int_{-1}^{\frac{1}{2}}\left(x-\frac{1}{2}\right)(x+1)dx$$

$$=2\cdot\frac{1}{6}\left(\frac{1}{2}+1\right)^3=\frac{1}{3}\cdot\left(\frac{3}{2}\right)^3=\frac{9}{8}$$

92 定積分をすれば，単なる a についての2次不等式，2次関数となる。

(1) $I(a)=\int_1^2(ax^2-2ax+a^2+1)dx$

$$=\left[\frac{1}{3}ax^3-ax^2+(a^2+1)x\right]_1^2$$

$$=\left(\frac{8}{3}a-4a+2a^2+2\right)$$

$$\qquad -\left(\frac{1}{3}a-a+a^2+1\right)$$

$$=a^2-\frac{2}{3}a+1$$

(2) $f(1)=a-2a+a^2+1\leqq1$

$a(a-1)\leqq0$　より　$0\leqq a\leqq1$

(3) $y=I(a)=\left(a-\frac{1}{3}\right)^2+\frac{8}{9}$ とすると

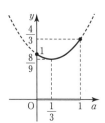

グラフより

最大値 $\frac{4}{3}$ $(a=1)$，

最小値 $\frac{8}{9}$ $\left(a=\frac{1}{3}\right)$

93 定義に従って絶対値記号をはずす。積分区間と積分する関数に注意して計算する。

(1) $|x-1|=\begin{cases}x-1 & (x\geqq1)\\-x+1 & (x\leqq1)\end{cases}$ だから

$$\int_{-2}^2|x-1|(3x+1)dx$$

$$=\int_{-2}^1(-x+1)(3x+1)dx$$

$$\qquad +\int_1^2(x-1)(3x+1)dx$$

$$=\int_{-2}^1(-3x^2+2x+1)dx$$

$$\qquad +\int_1^2(3x^2-2x-1)dx$$

$$=\left[-x^3+x^2+x\right]_{-2}^1+\left[x^3-x^2-x\right]_1^2$$

$$=(-1+1+1)-(8+4-2)$$

$$\qquad +(8-4-2)-(1-1-1)$$

$$=1-10+2+1=-6$$

(参考)

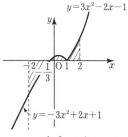

(2) $|x^2-4|=\begin{cases}x^2-4 & (x\leqq-2,\ 2\leqq x)\\-x^2+4 & (-2\leqq x\leqq2)\end{cases}$

だから

$$\int_0^4|x^2-4|dx$$

$$=\int_0^2(-x^2+4)dx+\int_2^4(x^2-4)dx$$

$$=\left[-\frac{1}{3}x^3+4x\right]_0^2+\left[\frac{1}{3}x^3-4x\right]_2^4$$

$$=\left(-\frac{8}{3}+8\right)+\left(\frac{64}{3}-16\right)-\left(\frac{8}{3}-8\right)$$

$$=\frac{48}{3}=16$$

(参考)

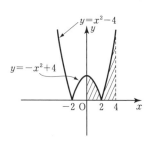

(3) $x^3-3x=x(x+\sqrt{3})(x-\sqrt{3})$

$|x^3-3x|$

$$= \begin{cases} x^3 - 3x \ (-\sqrt{3} \leqq x \leqq 0, \ \sqrt{3} \leqq x) \\ -x^3 + 3x \ (x \leqq -\sqrt{3}, \ 0 \leqq x \leqq \sqrt{3}) \end{cases}$$

だから

$$\int_0^2 |x^3 - 3x|\, dx$$

$$= \int_0^{\sqrt{3}} (-x^3 + 3x)\, dx + \int_{\sqrt{3}}^2 (x^3 - 3x)\, dx$$

$$= \left[-\frac{1}{4}x^4 + \frac{3}{2}x^2 \right]_0^{\sqrt{3}} + \left[\frac{1}{4}x^4 - \frac{3}{2}x^2 \right]_{\sqrt{3}}^2$$

$$= \left(-\frac{9}{4} + \frac{9}{2} \right) + (4 - 6) - \left(\frac{9}{4} - \frac{9}{2} \right)$$

$$= \frac{9}{4} - 2 + \frac{9}{4} = \frac{5}{2}$$

(参考)

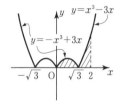

94 $\int_1^2 |t - x|\, dt$ は t の関数の定積分で積分区間は $1 \leqq t \leqq 2$ だから, x の値で場合分けをする。

(1) x の値によって，次の 3 通りに分けられる。

(i) $x \leqq 1$ のとき

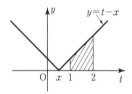

$$f(x) = \int_1^2 (t - x)\, dt = \left[\frac{1}{2}t^2 - xt \right]_1^2$$

$$= (2 - 2x) - \left(\frac{1}{2} - x \right) = -x + \frac{3}{2}$$

(ii) $1 \leqq x \leqq 2$ のとき

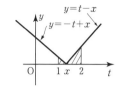

$$f(x) = \int_1^x (-t + x)\, dt + \int_x^2 (t - x)\, dt$$

$$= \left[-\frac{1}{2}t^2 + xt \right]_1^x + \left[\frac{1}{2}t^2 - xt \right]_x^2$$

$$= \left(-\frac{1}{2}x^2 + x^2 \right) - \left(-\frac{1}{2} + x \right)$$

$$\quad + (2 - 2x) - \left(\frac{1}{2}x^2 - x^2 \right)$$

$$= x^2 - 3x + \frac{5}{2}$$

(iii) $2 \leqq x$ のとき

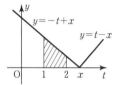

$$f(x) = \int_1^2 (-t + x)\, dt = \left[-\frac{1}{2}t^2 + xt \right]_1^2$$

$$= (-2 + 2x) - \left(-\frac{1}{2} + x \right) = x - \frac{3}{2}$$

よって，(i), (ii), (iii)より

$$f(x) = \begin{cases} -x + \dfrac{3}{2} \ (x \leqq 1) \\ x^2 - 3x + \dfrac{5}{2} \ (1 \leqq x \leqq 2) \\ x - \dfrac{3}{2} \ (2 \leqq x) \end{cases}$$

(2) $f(x) = x^2 - 3x + \dfrac{5}{2}$

$$= \left(x - \frac{3}{2} \right)^2 + \frac{1}{4} \ \text{より}$$

$y = f(x)$ のグラフは次図のようになる。

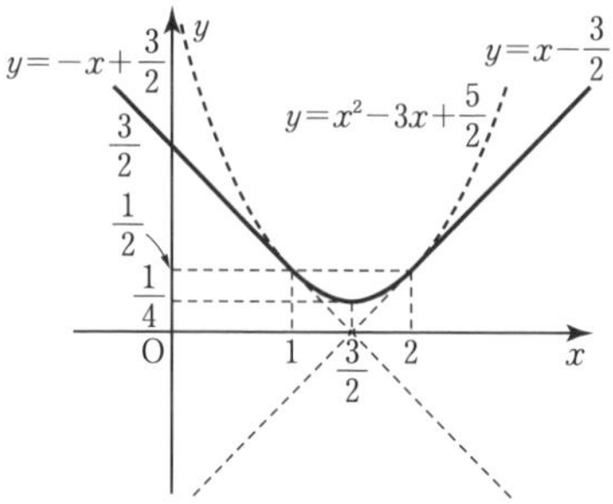

よって，$x=\frac{3}{2}$ のとき 最小値 $\frac{1}{4}$

95 **積分区間が　$t\leqq x\leqq t+1$　で，t の値によって動くから，積分する関数 $y=|x^2-1|$ のグラフをかいて，積分区間をスライドさせて考える。t の値で場合分けをする。**

$y=|x^2-1|$ のグラフと積分区間によって，次の(i)，(ii)，(iii)に場合分けできる。

(i)　$-1\leqq t\leqq 0$ のとき

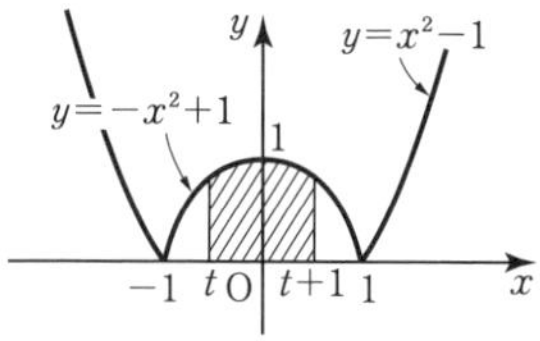

$$f(t)=\int_t^{t+1}(-x^2+1)\,dx$$
$$=\left[-\frac{1}{3}x^3+x\right]_t^{t+1}$$
$$=-\frac{1}{3}\{(t+1)^3-t^3\}+(t+1)-t$$
$$=-t^2-t+\frac{2}{3}$$

(ii)　$0\leqq t\leqq 1$ のとき

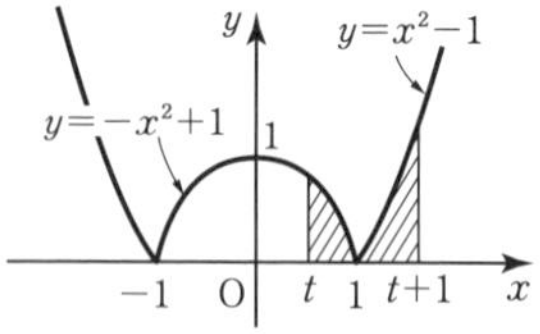

$$f(t)=\int_t^1(-x^2+1)\,dx+\int_1^{t+1}(x^2-1)\,dx$$
$$=\left[-\frac{1}{3}x^3+x\right]_t^1+\left[\frac{1}{3}x^3-x\right]_1^{t+1}$$
$$=\left(-\frac{1}{3}+1\right)-\left(-\frac{1}{3}t^3+t\right)$$
$$+\left\{\frac{1}{3}(t+1)^3-(t+1)\right\}-\left(\frac{1}{3}-1\right)$$
$$=\left(\frac{1}{3}t^3-t+\frac{2}{3}\right)+\left(\frac{1}{3}t^3+t^2\right)$$
$$=\frac{2}{3}t^3+t^2-t+\frac{2}{3}$$

(iii)　$t\geqq 1$ のとき

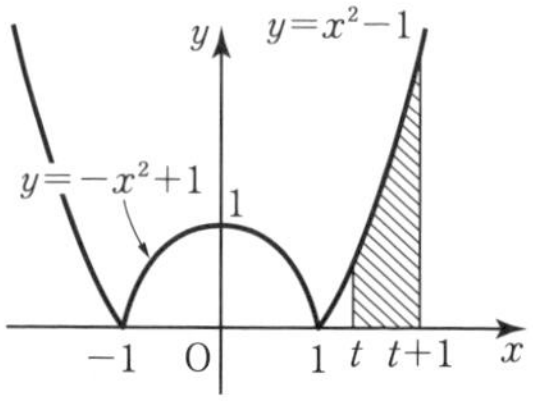

$$f(t)=\int_t^{t+1}(x^2-1)\,dx$$
$$=\left[\frac{1}{3}x^3-x\right]_t^{t+1}$$
$$=\frac{1}{3}\{(t+1)^3-t^3\}-(t+1-t)$$
$$=t^2+t-\frac{2}{3}$$

よって

$$\boldsymbol{f(t)=\begin{cases}-t^2-t+\frac{2}{3} & (-1\leqq t\leqq 0)\\ \frac{2}{3}t^3+t^2-t+\frac{2}{3} & (0\leqq t\leqq 1)\\ t^2+t-\frac{2}{3} & (t\geqq 1)\end{cases}}$$

96 (1) **$\int_0^1 f(t)\,dt=A$ とおくと $f(x)=x^2-4x-A$ となる。**

$$f(x)=x^2-4x-\int_0^1 f(t)\,dt$$

ここで

$\int_0^1 f(t)\,dt=A$（定数）

とおくと

$f(x)=x^2-4x-A$　だから

$f(t)=t^2-4t-A$

$$A=\int_0^1(t^2-4t-A)\,dt$$
$$=\left[\frac{1}{3}t^3-2t^2-At\right]_0^1$$

$=\frac{1}{3}-2-A$

$2A=-\frac{5}{3}$ より $A=-\frac{5}{6}$

よって，$\boldsymbol{f(x)=x^2-4x+\frac{5}{6}}$

(2) $\int_0^1(xt+1)f(t)\,dt$
$=x\int_0^1 tf(t)\,dt+\int_0^1 f(t)\,dt$
として，別々の定数でおく。

$f(x)=1+2\int_0^1(xt+1)f(t)\,dt$

$=1+2x\int_0^1 tf(t)\,dt+2\int_0^1 f(t)\,dt$

ここで

$\int_0^1 tf(t)\,dt=A$，$\int_0^1 f(t)\,dt=B$

（A，B は定数）とおくと

$f(x)=1+2Ax+2B$ だから

$A=\int_0^1 t(1+2At+2B)\,dt$

$=\left[\frac{2}{3}At^3+\frac{1}{2}(2B+1)t^2\right]_0^1$

$=\frac{2}{3}A+\frac{1}{2}(2B+1)$

$2A-6B=3$ ……①

$B=\int_0^1(1+2At+2B)\,dt$

$=\left[At^2+(2B+1)t\right]_0^1$

$=A+2B+1$

$A+B=-1$ ……②

①，②を解いて，$A=-\frac{3}{8}$，$B=-\frac{5}{8}$

よって，$f(x)=1-\frac{3}{4}x-\frac{5}{4}$ より

$\boldsymbol{f(x)=-\frac{3}{4}x-\frac{1}{4}}$

97 $\frac{d}{dx}\int_a^x f(t)\,dt=f(x)$ を利用して，両辺を微分する。

$\int_a^x f(t)\,dt=x^3-2x^2+4x-8$

の両辺を x で微分すると

$\frac{d}{dx}\int_a^x f(t)\,dt=(x^3-2x^2+4x-8)'$

よって，$\boldsymbol{f(x)=3x^2-4x+4}$

与式に $x=a$ を代入すると

$\int_a^a f(t)\,dt=a^3-2a^2+4a-8=0$

$(a-2)(a^2+4)=0$ より

$\boldsymbol{a=2}$

$\int_0^1 f(2x)\,dx=\int_0^1\{3(2x)^2-4(2x)+4\}\,dx$

$=\int_0^1(12x^2-8x+4)\,dx$

$=\left[4x^3-4x^2+4x\right]_0^1=\boldsymbol{4}$

98 $-\int_\alpha^\beta(x-\alpha)(x-\beta)\,dx=\frac{(\beta-\alpha)^3}{6}$ を利用する。

(1) (ア) 2曲線の交点は

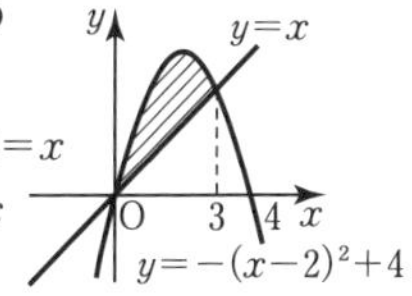

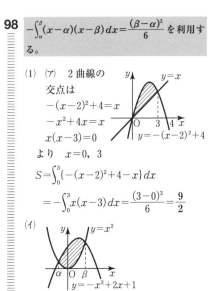

$-(x-2)^2+4=x$

$-x^2+4x=x$

$x(x-3)=0$

より $x=0$，3

$S=\int_0^3\{-(x-2)^2+4-x\}\,dx$

$=-\int_0^3 x(x-3)\,dx=\frac{(3-0)^3}{6}=\boldsymbol{\frac{9}{2}}$

(イ)

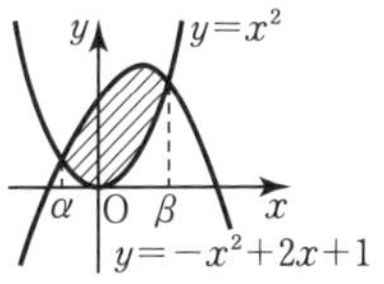

2曲線の交点は

$x^2=-x^2+2x+1$

$2x^2-2x-1=0$

$x=\frac{1\pm\sqrt{3}}{2}$

$\alpha=\frac{1-\sqrt{3}}{2}$，$\beta=\frac{1+\sqrt{3}}{2}$ とおくと

$S=\int_\alpha^\beta(-x^2+2x+1-x^2)\,dx$

$=-2\int_\alpha^\beta(x-\alpha)(x-\beta)\,dx$

$=\frac{2(\beta-\alpha)^3}{6}$

$$= \frac{1}{3}\left(\frac{1+\sqrt{3}}{2} - \frac{1-\sqrt{3}}{2}\right)^3$$

$$= \frac{1}{3}(\sqrt{3})^3 = \sqrt{3}$$

(2)

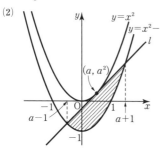

$y = x^2$ より $y' = 2x$

点 $(a,\ a^2)$ における接線の方程式は

$y - a^2 = 2a(x-a)$

$y = 2ax - a^2$

$y = x^2 - 1$ との交点は

$x^2 - 1 = 2ax - a^2$

$x^2 - 2ax + (a-1)(a+1) = 0$

$(x-a+1)(x-a-1) = 0$

$x = a-1,\ a+1$

また，求める面積は上図の斜線部分だ
から

$$\int_{a-1}^{a+1} \{2ax - a^2 - (x^2-1)\}\,dx$$

$$= -\int_{a-1}^{a+1} (x^2 - 2ax + a^2 - 1)\,dx$$

$$= -\int_{a-1}^{a+1} (x-a+1)(x-a-1)\,dx$$

$$= \frac{1}{6}(a+1-a+1)^3 = \frac{8}{6} = \frac{4}{3}$$

99 グラフをかいて，求める部分を明らかにする。
計算は，"ゆっくりと確実に"を心掛けて。

$y = |x^2 - 4|$ のグラフと $y = x+2$ のグ
ラフは下図のようになる。

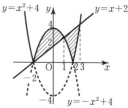

交点を求めると

$x^2 - 4 = x + 2$ より

$(x+2)(x-3) = 0$ ゆえに $x = -2,\ 3$

$-x^2 + 4 = x + 2$ より

$(x+2)(x-1) = 0$ ゆえに $x = -2,\ 1$

よって，交点の x 座標は

$-2,\ 1,\ 3$ （順不同）

求める面積を S とすると

$$S = \int_{-2}^{1} \{(-x^2+4) - (x+2)\}\,dx$$

$$+ \int_{1}^{2} \{(x+2) - (-x^2+4)\}\,dx$$

$$+ \int_{2}^{3} \{(x+2) - (x^2-4)\}\,dx$$

$$= -\int_{-2}^{1} (x+2)(x-1)\,dx$$

$$+ \int_{1}^{2} (x^2 + x - 2)\,dx$$

$$+ \int_{2}^{3} (-x^2 + x + 6)\,dx$$

$$= \frac{(1+2)^3}{6} + \left[\frac{1}{3}x^3 + \frac{1}{2}x^2 - 2x\right]_1^2$$

$$+ \left[-\frac{1}{3}x^3 + \frac{1}{2}x^2 + 6x\right]_2^3$$

$$= \frac{9}{2} + \left\{\left(\frac{8}{3} + 2 - 4\right) - \left(\frac{1}{3} + \frac{1}{2} - 2\right)\right\}$$

$$+ \left\{\left(-9 + \frac{9}{2} + 18\right) - \left(-\frac{8}{3} + 2 + 12\right)\right\}$$

$$= \frac{9}{2} + \frac{11}{6} + \frac{13}{6}$$

$$= \frac{51}{6} = \frac{17}{2}$$

別解

求める面積を S とすると，上図の S_1，S_2，S_3 の面積を用いて

$S=(S_1-2S_2+S_3)+S_3$

　$=S_1-2S_2+2S_3$ と表せる。

$$S=\int_{-2}^{3}(x+2-x^2+4)\,dx$$
$$\qquad -2\int_{-2}^{2}(-x^2+4)\,dx$$
$$\qquad +2\int_{-2}^{1}(-x^2+4-x-2)\,dx$$
$$\quad =-\int_{-2}^{3}(x+2)(x-3)\,dx$$
$$\qquad +2\int_{-2}^{2}(x+2)(x-2)\,dx$$
$$\qquad -2\int_{-2}^{1}(x+2)(x-1)\,dx$$
$$\quad =\frac{(3+2)^3}{6}-2\cdot\frac{(2+2)^3}{6}+2\cdot\frac{(1+2)^3}{6}$$
$$\quad =\frac{125-128+54}{6}$$
$$\quad =\frac{51}{6}=\frac{17}{2}$$

100 (1) ｜連立させて，2次方程式の $D>0$ を示す。

$x^2-ax+1=-x^2+(a+4)x-3a+1$

より

$2x^2-2(a+2)x+3a=0$ ……①

$D/4=(a+2)^2-2\cdot3a$

　　　$=a^2-2a+4=(a-1)^2+3>0$

よって，2つの放物線は異なる2点で交わる。

(2) ｜2つの放物線の交点の x 座標を α，β とおいて $\dfrac{|a|}{6}(\beta-\alpha)^3$ の公式を使う。

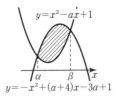

2つの放物線の交点は，①を解いて

$$x=\frac{a+2\pm\sqrt{(a+2)^2-2\cdot3a}}{2}$$
$$\quad=\frac{a+2\pm\sqrt{a^2-2a+4}}{2}$$
$$\alpha=\frac{a+2-\sqrt{a^2-2a+4}}{2}$$
$$\beta=\frac{a+2+\sqrt{a^2-2a+4}}{2}$$

とすると

$\beta-\alpha=\sqrt{a^2-2a+4}$ ……②

$$S(a)=\int_{\alpha}^{\beta}\{(-x^2+(a+4)x-3a+1$$
$$\qquad\qquad -(x^2-ax+1)\}\,dx$$
$$\quad=-2\int_{\alpha}^{\beta}(x-\alpha)(x-\beta)\,dx$$
$$\quad=\frac{|-2|}{6}(\beta-\alpha)^3$$

②を代入して

$$S(a)=\frac{1}{3}(\sqrt{a^2-2a+4})^3$$

$a^2-2a+4=(a-1)^2+3$ より

$a=1$ のとき，最小値3をとるから

$S(a)$ の最小値は $a=1$ のとき

$$S(1)=\frac{1}{3}(\sqrt{3})^3=\sqrt{3}$$

別解

(2) ①の2つの解を α，β とすると，解と係数の関係より

$\alpha+\beta=a+2$，$\alpha\beta=\dfrac{3}{2}a$

$$\beta-\alpha=\sqrt{(\beta-\alpha)^2}=\sqrt{(\alpha+\beta)^2-4\alpha\beta}$$
$$\qquad=\sqrt{(a+2)^2-4\cdot\frac{3}{2}a}=\sqrt{a^2-2a+4}$$

として，$\beta-\alpha$ を求めてもよい。

101 ｜$y=x^2-4x$ のグラフをかき，(2)は $y=ax$ と囲まれた部分，(3)は，$y=bx^2$ と囲まれた部分を明らかにする。

(1) $S=-\displaystyle\int_0^4(x^2-4x)\,dx$

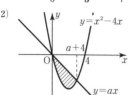

$=-\displaystyle\int_0^4 x(x-4)\,dx$

$=\dfrac{(4-0)^3}{6}=\dfrac{32}{3}$

(2)

$y=x^2-4x$ と $y=ax$ の共有点は

$x^2-4x=ax$

$x\{x-(a+4)\}=0$

$x=0,\ a+4$

上図の斜線部分の面積が $\dfrac{16}{3}$ になれば

よいから

$\displaystyle\int_0^{a+4}\{ax-(x^2-4x)\}\,dx$

$=-\displaystyle\int_0^{a+4}x(x-a-4)\,dx$

$=\dfrac{(a+4)^3}{6}=\dfrac{16}{3}$,

$(a+4)^3=32$

$a+4=\sqrt[3]{32}=2\sqrt[3]{4}$

よって, $a=-4+2\sqrt[3]{4}$

(3)

$y=x^2-4x$ と $y=bx^2$ の共有点は

$x^2-4x=bx^2$

$x\{(1-b)x-4\}=0$

$x=0,\ \dfrac{4}{1-b}$

右図の斜線部分の面積が $\dfrac{16}{3}$ になれば

よいから

$\displaystyle\int_0^{\frac{4}{1-b}}\{bx^2-(x^2-4x)\}\,dx$

$=-(1-b)\displaystyle\int_0^{\frac{4}{1-b}}x\left(x-\dfrac{4}{1-b}\right)dx$

$=\dfrac{(1-b)}{6}\cdot\left(\dfrac{4}{1-b}\right)^3=\dfrac{32}{3(1-b)^2}=\dfrac{16}{3}$

よって, $(1-b)^2=2$

$1-b=\pm\sqrt{2}$ より

$b=1\pm\sqrt{2}$

グラフより $b<0$ だから

$b=1-\sqrt{2}$

102 (1) $y=x^3$ より $y'=3x^2$ だから

点 $\mathrm{P}(t,\ t^3)$ における接線 l の方程式は

$y-t^3=3t^2(x-t)$

よって, $y=3t^2x-2t^3$

(2) 曲線と接線の接点以外の共有点を求めるには接点の x 座標が $x=t$ であることを利用する。

曲線 C と接線 l の交点は

$x^3=3t^2x-2t^3$ より

$x^3-3t^2x+2t^3=0$

$(x-t)^2(x+2t)=0$

$x=t,\ -2t$

よって, $\mathrm{Q}(-2t,\ -8t^3)$

(3) グラフは次の図のようになる。

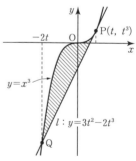

l と C で囲まれ図形の面積を S と

すると

$S=\displaystyle\int_{-2t}^{t}(x^3-3t^2x+2t^3)\,dx$

$=\left[\dfrac{1}{4}x^4-\dfrac{3}{2}t^2x^2+2t^3x\right]_{-2t}^{t}$

$=\left(\dfrac{1}{4}t^4-\dfrac{3}{2}t^4+2t^4\right)$

$\qquad\qquad -(4t^4-6t^4-4t^4)$

$$= \frac{3}{4}t^4 + 6t^4 = \frac{27}{4}t^4$$

$$\frac{27}{4}t^4 = 3 \ \text{より} \ t^4 = \frac{4}{9}$$

$$\left(t^2 - \frac{2}{3}\right)\left(t^2 + \frac{2}{3}\right) = 0$$

$$t > 0 \ \text{だから} \ t = \sqrt{\frac{2}{3}} = \frac{\sqrt{6}}{3}$$

(参考)

$$\int (x-a)^n dx$$
$$= \frac{1}{n+1}(x-a)^{n+1} + C$$
の公式（数Ⅲ）を用いて

$$\int_{-2t}^{t} (x^3 - 3tx + 2t^3)\,dx$$
$$= \int_{-2t}^{t} (x-t)^2(x+2t)\,dx$$
$$= \int_{-2t}^{t} (x-t)^2\{(x-t)+3t\}\,dx$$
$$= \int_{-2t}^{t} (x-t)^3\,dx + 3t\int_{-2t}^{t} (x-t)^2\,dx$$
$$= \left[\frac{1}{4}(x-t)^4\right]_{-2t}^{t} + t\left[(x-t)^3\right]_{-2t}^{t}$$
$$= -\frac{81}{4}t^4 - (-27t^4)$$
$$= \frac{27}{4}t^4$$

(参考)

$$\int_{\alpha}^{\beta} (x-\alpha)(x-\beta)^2\,dx$$
$$= \int_{\alpha}^{\beta} \{x-\beta+(\beta-\alpha)\}(x-\beta)^2\,dx$$
$$= \int_{\alpha}^{\beta} (x-\beta)^3\,dx + (\beta-\alpha)\int_{\alpha}^{\beta} (x-\beta)^2\,dx$$
$$= \left[\frac{1}{4}(x-\beta)^4\right]_{\alpha}^{\beta} + (\beta-\alpha)\left[\frac{1}{3}(x-\beta)^3\right]_{\alpha}^{\beta}$$
$$= -\frac{1}{4}(\alpha-\beta)^4 + \frac{1}{3}(\alpha-\beta)^4$$
$$= \frac{1}{12}(\alpha-\beta)^4$$

(2) $M = \begin{cases} 1+a & (4<a) \\ \dfrac{a^2}{8}+3 & (-4 \leqq a \leqq 4) \\ 1-a & (a<-4) \end{cases}$

58 (1) $0 \leqq x < \pi, \ \dfrac{5}{3}\pi < x < 2\pi$

(2) $\dfrac{\pi}{3} \leqq x \leqq \pi, \ \dfrac{5}{3}\pi \leqq x < 2\pi$

59 (1) $-\sqrt{2} \leqq t \leqq 1$

(2) $y = -t^3 - t^2 + t + 1$

(3) $t = \dfrac{1}{3}$ のとき最大値 $\dfrac{32}{27}$

$t = \pm 1$ のとき最小値 0

60 $\dfrac{7}{3}$

61 $3, \ \dfrac{3 \pm \sqrt{5}}{2}$

62 $2^{\sqrt{3}} < 4 < \sqrt[3]{3^4} < 3^{\sqrt{2}}$

63 $3, \ 3, \ 2, \ -5$

64 (1) $x = 0, \ \dfrac{1}{2}$ \quad (2) $-1 \leqq x \leqq 1$

(3) $-2 \leqq x \leqq 5$

65 (1) 最小値 2 \quad (2) $t^2 - 6t - 2$

(3) 最小値 -11

66 (1) 1 \quad (2) 2 \quad (3) 5 \quad (4) $\dfrac{55}{6}$

67 (1) ab \quad (2) $\dfrac{1}{a} + b$ \quad (3) $\dfrac{ab}{1+a}$

(4) $\dfrac{2(1+a)}{1+ab}$

68 $a = \sqrt{2}, \ b = 2$ または $a = 4, \ b = 2$

69 $\log_4 7 < \log_2 3 < 2^{\frac{4}{3}} < 4^{\frac{5}{6}}$

70 $\dfrac{1}{4}$

71 (1) $x = 5$ \quad (2) $x = -1 + 2\sqrt{2}$

(3) $\dfrac{7}{6} < x < \dfrac{5}{2}$ \quad (4) $1 < x \leqq 5$

72 (1) $3, \ \dfrac{4}{3}$ \quad (2) 1

(3) 最大値は $x = 2$ のとき 5

最小値は $x = 8$ のとき 1

73 $48, \ 5, \ 1$

74 13

75 $\dfrac{a}{b} = \dfrac{3 + \sqrt{5}}{2}$

76 $p = 1 - \left(\dfrac{9}{10}\right)^n \quad n \geqq 44$

77 $3x^2 - 2x$

78 $f(x) = x^2 + 2x$

79 (1) $y = -7x + 15$

(2) $y = 2x - 2, \ y = -\dfrac{1}{2}x + \dfrac{63}{16}$

(3) $a = 8, \ y = 12x - 16$

80 (1) $y = -24x - 4$, 接点は $(-1, \ 20)$

$y = 3x - 4$, 接点は $(2, \ 2)$

(2) $-4 < k < 4$

81 $f(x) = x^3 - 6x^2 + 9x - 2$

$f(x) = -x^3 + 6x^2 - 9x + 2$

82 $a > -2$ のとき，極大値 $12a$

$a < -2$ のとき，極大値 $-a^3 - 6a^2 - 8$

$a = -2$ のとき，極値をもたない。

83 $-1 \leqq a \leqq 4$

84 (1) $\begin{cases} a < 0 \ \text{のとき} & b \geqq 0 \\ 0 \leqq a \leqq 1 \ \text{のとき} & b \geqq a^2 \\ 1 < a \ \text{のとき} & b \geqq 2a - 1 \end{cases}$

(2) 下図の斜線部分。ただし，境界を含む。

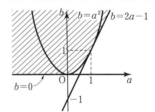

85 $a = 4, \ b = -17$

86 $\begin{cases} 0 < p < \dfrac{1}{5} \ \text{のとき} \\ \quad \text{最大値} \ -4p^3 + 8p^2, \ \text{最小値} \ 5p - 1 \\ \dfrac{1}{5} \leqq p < \dfrac{1}{2} \ \text{のとき} \\ \quad \text{最大値} \ -4p^3 + 8p^2, \ \text{最小値} \ 0 \\ \dfrac{1}{2} \leqq p < 1 \ \text{のとき} \\ \quad \text{最大値} \ 5p - 1, \ \text{最小値} \ 0 \end{cases}$

87 16

88 (1) 極大値 2, 極小値 0

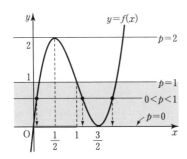

(2) $0 \leqq p < 1$, $p = 2$

89 $a < -1$, $1 < a$

90 6

91 (1) $-\dfrac{32}{3}$ (2) $-\dfrac{20\sqrt{5}}{3}$ (3) $\dfrac{9}{8}$

92 (1) $a^2 - \dfrac{2}{3}a + 1$

(2) $0 \leqq a \leqq 1$

(3) 最大値 $\dfrac{4}{3}$ $(a = 1)$,

最小値 $\dfrac{8}{9}$ $\left(a = \dfrac{1}{3}\right)$

93 (1) -6 (2) 16 (3) $\dfrac{5}{2}$

94 (1) $f(x) = \begin{cases} -x + \dfrac{3}{2} & (x \leqq 1) \\ x^2 - 3x + \dfrac{5}{2} & (1 \leqq x \leqq 2) \\ x - \dfrac{3}{2} & (2 \leqq x) \end{cases}$

(2)

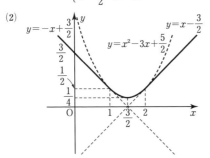

$x = \dfrac{3}{2}$ のとき最小値 $\dfrac{1}{4}$

95 $f(t) = \begin{cases} -t^2 - t + \dfrac{2}{3} & (-1 \leqq t \leqq 0) \\ \dfrac{2}{3}t^3 + t^2 - t + \dfrac{2}{3} & (0 \leqq t \leqq 1) \\ t^2 + t - \dfrac{2}{3} & (t \geqq 1) \end{cases}$

96 (1) $f(x) = x^2 - 4x + \dfrac{5}{6}$

(2) $f(x) = -\dfrac{3}{4}x - \dfrac{1}{4}$

97 $3x^2 - 4x + 4$, 2, 4

98 (1) (ア) $\dfrac{9}{2}$ (イ) $\sqrt{3}$

(2) $x = a - 1$, $a + 1$, $\dfrac{4}{3}$

99 交点の x 座標 -2, 1, 3

面積 $\dfrac{17}{2}$

100 (1)

$x^2 - ax + 1 = -x^2 + (a+4)x - 3a + 1$ より

$2x^2 - 2(a+2)x + 3a = 0$ ……①

$D/4 = (a+2)^2 - 2 \cdot 3a$

$\quad = a^2 - 2a + 4 = (a-1)^2 + 3 > 0$

よって，2つの放物線は異なる2点で交わる。

(2) $S(a) = \dfrac{1}{3}(\sqrt{a^2 - 2a + 4})^3$

最小値は $a = 1$ のとき $\sqrt{3}$

101 (1) $\dfrac{32}{3}$ (2) $a = -4 + 2\sqrt[3]{4}$

(3) $b = 1 - \sqrt{2}$

102 (1) $y = 3t^2 x - 2t^3$

(2) $Q(-2t, -8t^3)$ (3) $\dfrac{\sqrt{6}}{3}$